将自然引入城市

景观·人居环境·自然

丁山 主编

黄滢 王锐涵
刘力维 董瑾　副主编

中国林业出版社
·北京·

序

I am an architect and I am a professor of architectural and urban design as well as a professor in landscape design. I never felt the difference between these two fields of knowledge and of action so strong. Since around 30 years I am investigating the relationship between architecture and nature and the role played by "landscape" in our cultures in describing what an architect or a planner can do in front of the environment.

"Nature", "landscape" and "environment" are the core's keywords of this quite relevant book, written by my friend and colleague at Nanjing Forestry University, Professor Ding Shan as the result of his 30 years of reasoning and studying about them. Personally it is for me a wonderful reading, it is like listening to other words, parallel to mine, during the same 30 years, written from the other side of the world and from a cultural point of view that is totally different from mine, by at the end so near.

There is another great topic, in the title itself of this book: "city". City, in China as in Europe, is historically a "second nature", totally built from human beings: no other animal on the earth was able to talk and reason form thousands and thousands of years ago, as well as no other animal on the earth was able to conceive and build a "second nature" as a social and cultural product.

The exchange between cities and countrysides historically gave to the people the sense of fatigue and effort, but also the sense of beauty and taste. It is amazing discovering how this happened at the same time and in the same way in China and in Europe when, establishing cities and becoming citizens, men and women started appreciating the world out of the city walls. The book by Professor Ding faces (also) this theme in a clear framework and with an important aim: bringing nature back to the city.

At the Solomon Guggenheim Museum, in New York City, on last February, a new exhibition organized by the Dutch architect Rem Koolhaas and his agency AMO was open. The title is Countryside. The Future and they published just few days ago a pocket book as catalogue, whose title is Countryside.

A report: there are pages about 18 different countries and among them also China. That exhibition and its catalogue are an important step, because Koolhaas in the contemporary architectural culture has always been an anticipator, able to establish the themes that architectural culture would have talked about in the years to come.

Now "countryside" will be the hot keyword for next ten years at least and "countryside" means "nature and city" at all the scale we can image (from the garden to the infrastructures, passing from the parks). This great book by Shan is here, to be read in advance, capable to establish the framework of a wide reasoning for us as scholars, for our students and generally for people, in this Country and in the world.

Prof.Arch.Marco Trisciuoglio
Full Professor of Architectural and Urban Design

前　言

二十多年前我远赴荷兰，举办第一次个人作品展。当我飞行了十多个小时到达阿姆斯特丹上空时，一座掩在森林中的城市缓缓铺展在眼前，其蔚然壮丽瞬间扫去了飞行带来的疲倦，令我感叹自然与城市的相辅相成竟能如此震撼人心。从那时起，"自然与城市的和谐共生"便成为一颗播在我心中的种子，它令我沉迷、令我思考、令我行动，它在二十多年间茁壮成长，最后结出果实，以本书的形式呈现在诸君面前。

在荷兰期间，我还有幸结识了荷兰著名的园艺大师汤姆先生和他的助理张立如女士。汤姆先生的家族长期为荷兰王室培育郁金香，他自己亦是一位能读懂"植物艺术语言"的园艺大师。在他的介绍下，荷兰的皇家园林和生态花园、花卉园艺文化等令我印象深刻，也使我联想到我国古典园林文化中本就有天人合一、道法自然的生态智慧，只可惜在一代代城市化的进程中，自然被挤出城市，渐行渐远。中荷在生态追求上的相似之处促成我在瓦格宁根大学建立环境艺术工作室，合作研究"将自然重新引入城市"这一课题。

"纸上得来终觉浅，绝知此事要躬行"，特别是我们做园林景观的，理论能结合实践作出成果才有其意义，灵感得于自然、成果还于自然方显设计的初心。在这一想法的推动下，我回国后致力于在研究和教学的全过程中推行"将自然引入城市"这一理念，相继与荷兰、英国、美国、意大利、新加坡、马来西亚等多国学者们合作，共同探讨能令这个课题焕发出生机的无数可能性，并且通过设计实践与跨国界论坛展览等一系列方式，让美丽的自然重回我们身边。

为人师者，任重道远。思想从来不应个人独享，唯有传承才有意义。我从事教育工作数十载，不敢夸称桃李天下，但扪心自问，确也兢兢业业、倾囊相授。本书便是我所指导的研究生论文和作品合集，将二十年多来我所有的思考与研究通过这些后起之秀展现出来。看到自己的学生能够学有所成，这是为人师者最大的宽慰。

本书通过人居场所、人文精神、文化传统、中西交流、心理感知、小型景观、植物造景、生态系统、景观再生九个篇章，系统地论述了自然与社会、自然与城市、自然与我们的关系。我希望我的学生们能以此为开端，继往开来，今后能在"自然和城市"的课题上取得远胜于我的成果，为自然之和谐、社会之和谐、城市之和谐作出贡献。

人类在远古时代时敬畏自然，为了生存与自然抗争搏斗。当人类终成万物之灵，便开始征服自然、开发自然、改造自然。时至今日，我们以牺牲自然的代价创造出高度发达的文明，建造了恢弘的城市，甚至探索到宇宙的深处，却发现有些缺失只有自然方能弥补，这令我们必须重新审视自己和自然的关系。真正理解自然后，我们会发现将自然引入城市是我们与自然和谐共生的最佳方式，而这努力还在路上，还需要更多的重视、支持以及创造。我愿以本书作为一块敲门砖，敲开美丽新世界的大门。

道阻且长，行则将至。桃花源不在远方，当在你我身边。

2020 年 8 月于金陵

目　录

3 文化传统
Cultural Traditions

中西交流
Cultural Exchange

5 心理感知
Psychological Perception

小型景观
Small Landscape

6

7　植物造景
Plant Landscaping

8　生态系统
Ecosystem

景观再生
Landscape Regeneration

1 人居场所

Residential Places

人类最自由的时候就是它被安排得
最好的时候。

——但丁

"自然并非远离我们千里之外。相反，我们拥有的是一个由人类和自然世界构成的连贯整体。我们的当务之急是以一种符合这种连续性的方式重新定义我们的世界，因为我们如何对待环境就是如何对待我们人类自己。"——（美）伯林特

美国心理学家迈耶·斯皮瓦克于 1973 年为《建筑论坛》撰文，文中指出了空间和场所的重要区别，他认为"正是人们在空间里的所作所为将该空间变成了一个场所"。数量有限的环境体验构成了完整人生的全过程，他称之为"典型场所"。斯皮瓦克将典型场所定义为人类的行为心理机能与产生这种机能的特定环境的相互融合。他不仅明确区分了空间和场所的概念，而且还为定义场所概念补充了一个显性的人类体验的维度。

坎特提出了"场所"这个术语，强调有必要推动环境心理学研究向着整体的方向发展，物质世界、人类行为和个人的心理机能应该综合起来共同对场所进行定义。有特定的人与特定的事所占有的具有特定意义的环境空间，以满足使用者需要的和理想的环境要求。这里环境空间不应狭义地理解为一种视觉艺术空间，而是一种与人的心理及感情有特定联结的综合的社会场所。当城市空间被赋予社会、历史、文化、人的活动等涵意后才称为场所。

随着社会经济的发展和生活水平的提高，人们对环境质量的要求也日趋提高。从哲学意义上讲，人性的最高境界即为获得"意志的自由"，而"人类最自由的时候就是它被安排得最好的时候"（但丁）。关于人居场所的探讨，即是力图通过良好居住形态的营造以满足"人性自由"的精神需求。

本章节主要研究居住区景观基于不同文化历史、心理行为特征下的意义。如果说历史文化是居住区景观发展的骨架、支撑起人居场所的体魄，那么人类的心理活动和生理差异就是居住区景观的血液，贯穿了人居场所的灵魂。因此，人居场所的核心依然是人，只有对人进行深度的考虑，站在不同年龄、不同性别、不同阶层的人的角度出发，对居住区景观进行景观规划设计，才能真正体现人居场所的精神。

旧居住区的景观重塑

/ 梁潇月　丁山　董瑾 /

英国 Colindale 居住区景观 / Landscape of Colindale residential area, UK

　　早期居住区的建造受历史特定环境影响，同时受经济因素和人民思维开放程度的制约，当时居住环境景观意识尚在萌芽状态，所谓的"景观"就是小区内栽植的植被和小面积的草坪等，景观布局方面都存在空间形态单一的问题，除了沿建筑周边和道路两旁栽植的行道树外，居住区内的方块绿地也呈现单调乏味的零散布局，没有任何景观观赏价值。

　　虽然规整的建筑格局，使居住区整体形态看似有序，但是景观之间的联系较为松散，居住区的景观布局形态阻隔了社区交流氛围的形成，人与人之间很难形成良好的互动，建筑、景观对空间使用上的聚集效应、心理效应和文化效应被忽视，小空间与外部城市整体规划没有关联，也失去了其所在的区域环境中的文化传承的意义。

　　从宏观上看，旧居住区的重塑应该从城市整体的统筹规划入手，根据整个城市的发展方向、历史文脉、区域文化进行梳理，与城市的整体布局相结合。从微观上看，旧居住区在重塑的过程中应该把握区域内部景观结构的完整性，小区功能与建筑、景观形态的梳理要保持一致。生态学家阿维尔说过：在生态系统中，和不同的生态系统之间存在着一个表示互相关系和相互作用的网络模型，其中每一个部分的变化都会影响系统的整体运作[1]。设计师在改造的过程中要更多地关注旧居住区的发展现状，居住区的发展文化历史，居民的景观诉求，在更新改造过程中注重可持续性的整体发展趋势。

在居住区景观重塑设计中应该遵循以下原则：

1. 经济性原则

我们要通过合理有效的经济手段调配原有不合理的经济模式和格局，处理好社会利益和社会空间利益的关系，秉承社会公平性原则，保障在居住区持续良性的循环发展。

2. 生态性原则

旧居住区生态环境的改造中要充分考量居民使用过程中对住区的影响，遵循可持续的长期发展战略，在设计改造过程中参照相应的生态原则，建筑和空间景观的改造要因地制宜，尽可能不破坏原有植被，恢复居住区的活力，运用现代的科技手段，改造自然环境，打造舒适宜居的、生态可循环的居住景观空间。

南京老居住区景观 / Nanjing old residential landscape

3. 人文原则

旧居住区经过时间的沉淀已经形成了其独特的物质空间体系和文化组织构架，景观的重塑要从居住区的使用主体——"人"的角度出发，将居住者的视觉、感官、情感需求置于首位，营造具有居民认同感的区域形态，把建筑造型、生态环境、审美需求、地域特色等因素结合起来，从人文景观的视角在空间尺度、形态特征等方面寻求景观和人的和谐统一。

旧居住区景观重塑的设计方法如下：

1. 梳理空间形态

一方面可以引入共享街道和静态交通的相关理论和措施，通过对道路交通实行空间和时间上的分流措施来引导街道的流线，疏通道路平面布局，限制交通量，缓解人车矛盾；另一方面，确定纵向上的空间布局，合理安排旧居住区的道路功能结构与各街巷的使用所肩负的功能，确立重塑中所要寻找的方向，形成良性的、和谐的、可持续更新的循环交通发展机制。

2. 调整生态结构

注重生态的可持续发展，寻求人和自然相处的平衡点。在旧居住区的景观改造中，要注重保护原有的生态环境，尊重已经形成的景观循环系统和区域文化，对环境要素进行利用和重塑，在城市空间中找寻一条合理的居住空间景观出路，建立良性的可持续的生态环境系统，为居民提供更宜居、更健康、更生态空间生态系统。

3. 重塑景观要素

采用具有综合生态效益的复合绿地，合理配置植物层次，对于空间有限的宅间绿地，注意充分利用植被的层次，丰富空间的层次感。软质景观要同硬质景观相互结合，合理配比，统一居住区环境。做好旧建筑与新环境之间的协调，综合当地的地理环境特征、气候、文化等方面的影响，保护地方特色的建筑形式。老旧建筑在改造的时候要注意立面形态的梳理，外立面的样式和风格要与环境相互关联，不可随意改造，一味地进行现代化的翻修，忽视与周边环境的关系，忽视地域文化沉淀下来的人文精神。

4. 完善居民需求

设计中要考虑居住者的全方位感受，尊重原有的人居生活传统，顺应居民间的邻里格局及行为关系。在原有街坊空间的基础上，合理协调人与空间，人与自然环境的关系，明确主次，合理引导居住区未来良性的空间调整。 同时结合居民不同层次的功能需要，合理配套活动场地，运用多种造景手法营造不同的的体验，以保证居民的全方位感受。

参考文献

[1] 宋晔皓 . 结合自然，整体设计：注重生态的建筑设计研究 [M]. 北京：中国建筑工业出版社，2000.

南京民国居住区景观特征分析

/ 王亚杰　丁山　黄滢 /

一、基于不同住宅类型的居住景观特征

高级居住区内的住宅为独立式的花园洋房，造型风格各异。民国时期，南京最典型也是建设最集中的高级居住区位于颐和路一带，属于民国（1927 年）中规划的第一住宅区，其主要是供政治精英等权贵人士居住，如汪精卫公馆、蒋纬国公馆等都修建在此。

在高级居住区中，各家各户的花园洋房都带有独立的院落，院落是高级居住区的基本组成单位。居住景观主要集中在院落内部，住户自己享有；而在院落外部，居住区内的景观则较少，多为行道树等。

高级居住区内的住宅均为完全西化的建筑，与其相统一的是居住区内的景观也是西化。居住区内用地宽敞，建筑密度约为 20%，道路系统完备，花园洋房内有宽大的花园绿地。景观的西化并不仅仅是出于审美的需要，与当时的政权也有关联，当时的政治集团带有一定的"现代性"，为了展现他们自身的"现代"与"先进"，建设西化的居住环境便是方式之一。

对于高级居住区中的私人住宅，最常见的建造方式就是委托专门的建筑师进行设计。20 世纪初大批留学海外的建筑师回国，尤其是在 1927—1937 年这段"黄金十年"里，大批建筑师来南京开展业务。由住宅设计的情况便可推知，景观设计是按照居住者的意愿进行设计的，是专门为居住者自身服务的。

里弄、新村居住区多为社会中上层人士居住，较为高档一些的有梅园新村、雍园等，另外还有一些企事业的职工住宅，如中国银行南京分行的职工宿舍宁中里、交通银行的高级职员和上层公务人员住宅板桥新村等。

在中低档的居住区中，住宅很少带有院落，多是里弄、联排住宅、公寓等，较以往的传统住宅，这样的住宅本身就是一种高密度的居住形式。

南京颐和路景观 / Nanjing yihe road landscape

在里弄式居住区中，整体布局规整，住宅全部为里弄，用地紧张，几乎无户外公共活动空间，更无绿化等景观。新村式的居住区情况要稍好一些，相较里弄式居住区稍微宽敞一些，但密度也仍然较高，其内有少量景观，如在板桥新村内，把各家私人院落用地集中起来，设置了一个全村公共庭院，以供居民休息与儿童活动[1]。

这一特点在里弄式居住区中表现得尤为明显，里弄式居住区住宅密度大，户外活动空间小，使得住户的户外活动都集中在一起，邻里之间交往密切。再加上居住模式较为封闭，给人们带来了一定的安全感，因而居民在户外毫无顾忌地晾晒衣物、自由活动，安全而方便。在保存至今天的里弄居住区中，这样的生活景观仍然存在，在居住区内，似乎室内、室外并没有非常明确的界线，邻里在一起自由随意地聊天，一切和谐而统一。

简易住宅区内的住户多是贫苦的劳动人民，生活在社会底层。这类住房结构简陋，建设偷工减料，时间不久便多数损坏、倒塌，甚至无法修复。在这样的居住区中，住宅问题都没有得到完全的解决，更谈不上景观。

二、南京民国居住景观总体特征

据南京园林志记载，南京民国时期的居住区绿化仅限于高级居住区[2]，在高级居住区内，绿化面积可达65%，而里弄式居住区内几乎无绿化，简易住宅区内更是连住房都成问题。追根溯源，居住景观之间巨大的差别源于社会阶层悬殊的等级差别，居住者的身份地位呈现明显的等级差别，而与人们生活联系密切的居住景观自然也要与其保持一致。

历来的统治者上位后都有大兴土木的习惯，以展现自身的统治地位，民国时期也不例外。风格迥异的花园洋房与欧化的居住景观，带有浓烈的西方气息，虽与周围环境在空间上没有界限，但几近奢侈、风格鲜明的居住环境将这些高级住宅区与周围明显地区别开，在一定程度上，当时的景观已经"异化"，带有了一些政治意味，成为了当权者表达自己的工具之一，成为了代表居住者身份与地位的符号。因此，这些居住区在政权"繁荣"之时繁荣，而政权更迭后，便迅速走向衰败。

民国时期居住景观多为社会顶层人士所享有，表面上看，景观的地位似乎很高，但纵观整个社会，当时大部分人基本的住宅问题都未得到解决，因而对居住景观并无太多意识，他们的需求未上升到景观层面，所以总体来看，景观并未受到社会的重视。

参考文献

[1] 刘先觉，邓思玲. 南京板桥新村剖析 [J]. 华中建筑，1988（3）：92-94.

[2] 南京市地方志编纂委员会. 南京园林志 [M]. 北京：方志出版社，1997.

中低档小区的景观空间 /
The landscape space of
the middle and lower
grade community

居住区景观设计中安全隐患问题的研究

/ 郭摇旗　董瑾　丁山 /

一、居住区道路系统安全性隐患的研究及措施

随着小汽车数量越来越多，目前许多旧的居住区存在着道路交通规划混乱、居民活动无序的状况。不合理的景观设计必然带来一系列的安全隐患。例如居民为了找到最快捷径到达宅前，常常穿越汽车用道。同时一些使用自行车的用户也会和汽车发生一定的碰撞，造成人员的伤亡。小汽车采取路边停车这种方式带来了很多问题，占用了本来就少的居民活动场所，特别是对儿童、老人等特殊人群造成安全隐患。

道路配置的原则在居住区内应首先明确：人是主角、车是配角，一切应服从于居民的方便与需要；同时又要明确，便利高效的车行条件方能产生便利的交通环境乃至居住环境。于是，高质量的道路配置成为人性居住空间的前提。

为了解决人与车的共存问题，在进行道路规划的时候，就要考虑将居住区内车行主干道合理布置。还应该结合住宅及绿地，合理选择停车场的位置。处理好道路与停车场的流线。尽量避免车行流线与步行流线发生交叉。在道路细部设计上，可以通过对道路边缘进行处理，利用高差不一、软质地面与硬质地面的差别、与行车路面不同的步行地面材料和色彩表示等方式明确车行路的界限；利用路面曲直、局部突起、小拱、瓶颈、抬高交叉路口平面等措施迫使车辆减速；通过不同地面材料的变化可以暗示车辆进入的空间性质。

居住区内的人行道路可采用两侧分别设置，也可在道路一侧设置较宽的人行步道，结合景观节点，丰富人们的步行环境。另外，在人行道及有高差变化处采用不同材质、颜色的铺装材料区分，可以起到良好的警示作用。需要注意的是，有些居住区的路缘石会采用坡面处理，这种处理要考虑其表面的防滑，否则很容易造成行人滑倒摔伤。在步行道路上采用地灯照明。可以照

亮脚下的路面，又不会使人暴露在强光下，是一种较安全和舒适的照明方式。

二、居住区水景观要素安全性隐患的研究及措施

人身安全是人的最基本权利。水景设计的不合理导致一些恶性事件的发生。在一些居住区亲水平台处，没有设立醒目的警示牌和防护设施，造成他人人身、财产损害。居住区水景设计的安全性应考虑适当的水深、水岸坡、临水防护设施等。

一般水池、溪流深度采用 0.2～0.4m 左右，普通溪流的坡度宜为 0.5%，急流处为 3% 左右，缓流处不超过 1%[1]；人工湖设计时考虑景观效果以及水体的自净能力，一般水深不宜过浅，整个水底设计应为缓坡形，或者至少在距湖岸 2m 以内湖底坡度平缓[2]。陡坡形式容易让人没有堤防，有可能导致危险。少年儿童误入其中而引发生命危险。如果有居民可能涉入的溪流，其水深应控制在 0.3m 以下，池底应做防滑处理。娱乐休闲用游泳池的水深一般为 0.5～1.5m 左右，将水深差保持在 20cm 以内[3]。

水岸的形式有规则几何形式或自然曲折式的，有设护栏的或半开放式的，有自然缓坡的或堤岸的。溪流水深超过 0.4m 时，应在溪流边采取防护措施（如石栏、木栏、矮墙等）[1]。对于半开放式的水岸坡以及个别水深的池边区域应设置警示牌等以提示，石块垒成的驳岸连接应该牢固，尽量将不安全因素降至最低。另外，在设计时推荐阶梯式堤岸设计，其更具有亲水性和安全性。在设计时应注意堤岸坡度较缓，有一定的宽度，这样居

南京老居住区景观 /Nanjing old residential landscape

无锡凤凰城小区景观 / Wuxi phoenix city community landscape

民才能在上面休憩、停留较为安全。堤岸宽度不宜太窄，否则阶梯只起到连接堤顶与水面的作用。如果空间有限，阶梯形堤岸可与岸边的广场连接形成整体，让住户在广场休憩、停留[2]。

三、消极景观空间的安全性隐患研究

消极空间又称负空间，是居住区规划和居民日常活动中出现的未被利用的和无人使用的空间，例如住宅背面与公共建筑之间、住宅与小区外、外侧围墙之间和公建与公建之间。为了避免消极空间的不利性，在设计中应该注意：规划设计在预留消防通道时要尽量与周围环境发生关系，避免出现空间闲置；加强绿化和景观布置来提高其使用率，或在较大的空间内部设置室外停车场或者临时停车位；住宅楼侧墙与围墙之间的空间可以辟为散步休闲的小径，种植物营造气氛，不但可以隔绝外部干扰，而且可以减少附近居民的出行距离；居住区围墙可以采用上虚下实的形式，以减弱楼侧狭巷的封闭感。住宅底层窗前的绿化面积和密度要适度，一方面保证住户的私密性，另一方面要防止过于隐藏造成的危险。

参考文献

[1] 居住区环境景观设计导则（试行稿）[Z]，2016.

[2] 罗峻.现代居住环境中水体景观的规划与设计 [D].天津：天津大学，2003.

[3] 贾秉志.居住区水景规划设计探索 [J].城市，2006（2）:74-75.

新更新时期英国居住区的文化景观

/ 许悦　黄滢　丁山 /

　　英国作为一个发达的国家，经历了大部分的欧洲文化景观的积累过程，不同文化景观的形式在英国都有所体现。作为世界上第一个工业化的国家，英国的文化景观具有明显的时代特征，集中展示了欧洲文化景观在近代的表现。在新更新时期，英国的居住区更新理念也受到欧洲其他国家设计理念和更新思潮的影响，他们融合了英国的国情和本土特色，形成了适合英国居住区更新和发展的体系，在新更新时期的居住区文化景观建设中，这些理念被付诸实践的同时也收到了一定的成效。

　　城市耕作区是英国一项源自世纪的传统，如同中国人在自家院子或是花园里种菜种树种花一样，这项传统在英国的城市耕作区里延续。在丰收的同时，它带着对历史文化的延续，丰富了人们的户外活动、促进了城市绿地的生态多样性。其现今存在的模式和完备的法规也较好地保存了传统性文化景观的同时，促使其有更加生动地呈现和成长空间。它的存在既是对传统的保留和发扬，也是对居住空间的极大丰富。

　　城市耕作区不仅仅是人们自娱自乐、观赏或自给自足的小区域，它的

英国社区公园一角 / A corner of a British community park

英国社区公园一角 / A corner of a British community park

益处也体现于各个小耕作单元的所有者身上，它涵盖了深刻的环境和社会的影响因素，影响着一个社区、一片区域和整个城市的可持续发展。首先，城市耕作区促进了居住区的生态多样性，这是它的功能之一。城市耕作区里的观赏植物、蔬菜水果以及土豆等农作物为各种各样的野生动物和昆虫提供了生存的空间，形成人与动植物相互影响的生态园区。

　　游击花园是一种相对极端的改变环境的方式，一般都发生在别人所拥有的土地上或是公共空间里。参与的人群非常广泛，从充满激情的园艺家到富有环境责任感的园艺爱好者，都希望通过游击花园的形式打破法定的界限，使社区环境更加美好，向更好的方向发展。有些游击花园行动是发生在晚上，在一个相对隐秘的时间里完成游击花园式的改变，也有一些游击花园是希望更多的人看到这个运动并受到鼓舞，因而选择在人们视点的交汇处进行。很多的实例证明，由于游击花园针对的是被土地的合法拥有者所遗弃或者忽略的土地，因此游击花园对土地使用方式和状态的改变，使土地得到了重新的开垦和利用，并通过一定的途径改变了部分土地的所有权。游击花园在世界上许多地方都非常流行，尤其是社区网站和社区团体的支持力度非常高。

所有的社区集体花园都是独特而唯一的，基于社区范围且反映并满足当地社区发展的需求。社区集体花园是为了帮助社区和居民开垦属于他们自己的花园，通过集体的劳动来增加居民的交流、丰富居民的娱乐活动、提供教育和环境保护的服务。推动集体花园流行的动力非常多，但最根本的是因为居民的需求，当地居民可以通过社区集体花园去找到合理而积极的方法去解决具体的问题。

在文化地理学中，文化景观的基础是岩石圈，而在居住区文化景观的建造中，景观与文化的相互渗透有赖于具有这个地域和社区文化符号而形成的动力，这是一种强大的力量，它建立起居住区友好而安全的环境，延续着令人难以割舍的传统文化，维护着生存环境的生态多样性并缔造出了文化景观的精神核心，这是孕育文化，令文化景观能够存在并和谐发展的基础——社区凝聚力。新更新时期英国城市更新过程中实施的居住区改造、发展和建设实例从不同侧面解释了社区凝聚力的营造过程。社区凝聚力是英国公民的职责和权利中核心的政策之一。

家园主要是对居住区文化景观物质要素进行改观，在这个基础上创造出安全而友好的居住空间，因此在改造和重建过程中需要注重促进社区凝聚力的文化景观设计过程。城市耕作区重在以居民的需求为出发点，发挥居民自身的力量，来创造丰富的社区生活和文化景观，这对社区凝聚力的推动有辅助的作用。作为象征共同努力耕作和维护地区标志性的社区集体花园，是现今居住区文化景观的重要表现形式，它聚集了居民的劳动和智慧，是社区凝聚力的体现，是居住区文化景观非物质要素的集中表现。英国社区花园的价值报告中也提出，社区集体花园的意义和真正价值在于推动了社区文化精神的进步，弥补了居住区的不足，从根本上筑建了居住区文化景观的基础社区凝聚力。社区凝聚力之所以是促进文化景观的基础是因为这种精神层面的凝聚力是更新和建设任何居住区环境的前提。有社区凝聚力的存在，才会有蕴涵着传统习俗和区域感情的文化景观的孕育、诞生和延续。在这种感情的培育下，居住区才会是文化景观成长的沃土。

新更新时期英国文化景观基础建设的特征是对居民的参与和需求的重视、对文化传统的尊重以及提供丰富而吸引人的公共空间。而创造更加和谐的居住环境、创造好的精神文化氛围以及推动社区凝聚力的形成和发展，是居住区文化景观的基础得以留存和长远发展的基础。

寻找后工业时代下的理想人居

/ 张楠楠　董瑾　丁山 /

工业文明的兴起，大幅度地提高了劳动生产率，增强了人类利用和改造环境的能力，从而丰富了人类物质文明与精神文明。但是，对自然资源采取掠夺式和耗竭式的占有及使用方式，在建立物质文明的同时，对周围

南林一村景观 /A residential landscape of nanjing forestry university

环境的破坏程度超过了以前任何年代。

工业革命以来最大的环境问题是严重的环境污染，如大气污染、水污染、土壤污染、噪声污染、农药污染和核污染等。20世纪50年代前后的"八大公害"事件就是明显的例子。如20世纪40年代后经常在夏季出现的光化学烟雾，对人体健康造成严重的危害；科学技术和工业的进一步发展又引起海洋严重污染；航空与航天技术发展引起高空大气层的污染；地球上已很难找到一块未被污染的洁净绿洲，环境污染已成为全球性问题。这主要可分两个阶段：20世纪20年代到40年代，工业借助于电力大发展，资源消耗和环境污染危机降临；公害泛滥期，20世纪50年代至今，人与自然矛盾冲突全面激化，污染加剧，新的污染物不断出现。

高速的经济发展使人们的生活条件日渐提高，生活的改善与经济高速发展的要求使整个社会环境必须不断地变化与之相适应，这种变化带来的副效应最显著的就是：自然资源与生存环境的破坏，造成经济发展带动盲目的、不科学的环境及建筑营造，而这种营造破坏环境，耗损资源，必将成为下一步经济发展的隐患。

中国，作为一个新兴的发展中国家，经济的飞速发展也暴露出国人生态观念的严重滞后。中国七大水系的污染，水土流失，西部荒漠化导致华北的沙尘暴，人们终于感受到了牺牲生态环境利益来换取经济利益的严重后果。我国的城市出现了"千城一面、千房一色、高楼竖起、特色尽失"的趋同现象，城市生态保护方面也问题连连。存在的问题主要有：

（1）旧城改造模式不当，破坏城市历史风貌。

（2）随意拓宽城市道路，毁坏行道树。

（3）取消或压缩自行车道，错误选择高耗能城市模式。

（4）城市污水处理滞后，水环境日益恶化。

（5）垃圾填埋场无防渗漏处理，地下水污染严重。

（6）随意地劈山、填湖、改河，毁坏城市周边的景观和环境。

（7）园区土地利用单一，资源浪费严重。

（8）"形象工程"盛行，地下水源枯竭。

各种文化形态综合体的设计，是与特定民族和文化的生态经验密不可分的。对于人类理想居住环境的探索，亦起源于此。探索工业社会后的理想人居环境，不如从古老文化对于人心中的绝佳居住地的影响、指导谈起。

中国历史上下五千年，那时中国人心中理想的景观模式深受道家和佛教的影响，以昆仑山、须弥山为主的名山风景成为人们心中理想而神圣的居住天地。而影响世界的中国园林，也是人们心中环境理想的具体体现。

古人不辞艰辛跋涉，游览名山大川，其主要目的在于品鉴观赏大自然的山水景物和人文名胜。即使虔诚的宗教信徒朝山进香，往往也把所见的山水景物和人文名胜幻化为佛国仙境而当作鉴赏的对象。文化形态综合而形成的山岳文化，其内容之博大宏富无异于一个完整的文化系统——汉文化大系统的一个子系统。

人们的景观理想深藏于内心深处，它与现实的景观追求和偏好有着一定的距离。个体的日常功利追求，往往掩盖着景观理想的真实面目，但正如人们的社会理想那样，景观理想总是在不同程度上指导着人们选择、改造和创造自己生活空间的景观结构。园林作为一种特殊的现实生活空间，与其他现实环境相比，具有更多的非功利性特征，所以它使人们的景观理想得到较大程度的实现。从这个意义上讲，随着人类社会理想的进一步实现，现实景观的理想成分将不断增加。所以，从选择"满意的景观"以满足其生存竞争的需要，到设计帝王和士大夫阶层的"围墙中的园林"，再到城市开放绿地，最后到整体人类生活空间的优化设计，人的景观理想都得到了更大范围内的实现。闻名世界的中国园林，它们无不显示着古人心中对于理想居住环境的向往，是理想景观的具体表现。

南京颐和路景观 / Nanjing yihe road landscape

中国园林的造景一方面是自然风景的提炼、概括、典型化；另一方面又参悟于绘画的理论和技法，而以山、水、花木和建筑创为三度空间的立体布局。如果说，中国的山水画是自然风景的升华，那么，园林则把升华了的自然山水风景又再现到人们的现实生活中来。这比起在平面上做水墨丹青的描绘，当然要复杂一些，因为造园必须解决一系列的实用与工程技术问题；也困难一些，因为园林景物不仅从固定的角度去观赏，而且要游动地观赏，从上下前后左右各方观赏，进入"景"中观赏，甚至园内之景，观之不足还把园外之景收纳作为园景的组成部分即所谓"借景"。所以，虽不能说每一座中国园林的规划设计都恰如其分地做到以画入园，因画成景，而优秀的造园作品确实能予人以置身画境，如游画中的感受。倘若按照郭熙的说法："世之笃论，谓山水有可行者，有可望者，有可游者，有可居者；凡画至此，皆入妙品；但可望可行不如可游可居之为得。"（郭熙《林泉高致》）那么，这些园林就无异于可游可居的立体图画了。

2 人文精神

Humanistic Spirit

人生的价值，并不是用时间，
而是用深度去衡量的。

——列夫·托尔斯泰

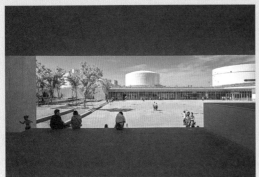

　　当今国内学术界积极响应党的"加强和改进思想政治工作，注重人文关怀和心理疏导"战略方针。这是社会文明进步的标志，是人类自我意识提高的反映。要求人的个性解放和自由平等，尊重人的理性思考，关怀人的精神生活。在思想政治工作视野中，人文关怀是指尊重人的主体地位和个性差异，关心人丰富多样的个体需求，激发人的主动性积极性创造性，促进人的自由全面发展。

　　人文关怀理念是在西方人文主义思想上发展出来的，主要理念在于肯定人及人的价值，以人为核心进行物质、精神生活的营造。这里强调了全方位、多层次的营造。正如卡米诺·希特向我们传达的欧洲灵活而极富变化性的城市空间，强调了这种城市空间所包含的人文关怀思想。他极为喜欢锡耶纳与巴塞罗那那样极富人文关怀的城市空间，城市内散布着大小的广场，人们可以随处停下驻足观望，欣赏城市美景。

　　然而城市中的人文价值取决于城市不光承载了人们日常生活中的主要社交活动，也是很多自发性社交活动的发生场所，是人与人之间交流的重要场所。以人的需求为基础，使城市更好地为它的使用者服务，不断完善自身的人文功能，从而提高自身人文价值。

　　随着中国近些年来的发展，人们的物质已经得到了极大的满足，对生活的品质要求也提升到了精神与情感层面。让中国的城市建设延续以人为本的思想精髓，强化城市的空间价值，使其成为城市生活不可或缺的重要组成部分。

城市广场中的人文关怀

/ 许可　房宇亭　丁山 /

自 20 世纪 90 年代至今，中国的城市建设飞速发展，城市风貌日新月异。城市广场作为城市重要的户外公共活动空间，承载着人类发展的物质文化与精神文化生活，并在中国大江南北如火如荼地建设着[1]。城市广场源自于两千年前的古希腊与古罗马，源于人们对户外公共活动空间的需求，城市广场所蕴含的人文关怀精神也传承至今。伴随着城市广场在中国的快速发展，产生了一系列的问题与屏障，如城市广场尺度缺乏人气、空间组织无序、功能配套不完善等。这些问题的产生都将矛头指向了一个共同的诱因——人文关怀思想的缺失。

城市广场是一个具象的空间概念，它给我们的日常生活带来了丰富的体验与感知，包括它的外在物质环境与内在的精神文化氛围[2]。这告诉我

广场中的休闲空间 / Leisure space in the square

们，城市广场的出现绝非偶然，它有丰富的发展动力与历史文化。城市广场的根本意义不单单体现了人文需求，也体现了城市广场存在的必要性，是随之上千年来发展的动因与源泉。通过对城市广场本源意义范畴的研究更加确立了城市广场中人文关怀的重要性与价值。

人文关怀理念是在西方人文主义思想上发展出来的，主要理念在于肯定人及人的价值，以人为核心进行物质、精神生活的营造。这里强调了全方位、多层次的营造。首先理解"人文"的内涵。"人文"是一个内涵极其丰富而又很难用精炼语言概括的词，"人文"包括了：人的价值、人的尊严、人的个性、人的生存和人的理想等。人文关怀就是对人的全方位的关注与爱护，对人的生存状况的关怀是最基本的人文关怀，更深一层的人文关怀体现在对人的个性的肯定与独立性发展上的关怀，最终切实做到以人为本的关怀意识[3]。

总之，人文关怀是指承认人的存在，尊重人的主体性、关心人多方面的发展、促进人的自由发展。它是一项综合性的关怀机制，不等同于人性化思想，从设计应用的角度来说，它包含的方面很多。人文关怀应包含设计中任何传递给人的客观事物、主观感触以及精神感受。

城市广场是由物质环境组成，当然也会反映一种精神方面的抽象属性，但这一切都是以物质环境为基础的，也以物质环境为介质传递到人们身上。所以人类对城市广场的感知也如同其他物质环境一样分为环境知觉与空间认知两个部分，也可以说是两个层次。环境知觉是空间认知的基础，指的是人们通过视觉、听觉、嗅觉、触觉和味觉等来感受并接受周围的环

广场上的喷泉 / Fountain in the square

境信息，而空间认知则指人们将搜集来的信息进行编码、储存、记忆与解码的认知过程。当我们进入广场或路过广场时，我们观察广场的铺装、道路、植物和其他环境特征以得到信息；如我们听见广场中央喷泉的水流声、广场中树上的鸟叫声、广场上风拂落叶的沙沙声，我们也可以闻到广场种植池里的花香，触摸到广场坐凳上的纹饰。

那么，优秀的广场设计须包含丰富的人文内核，许多优秀的广场设计都是丰富的人文内核体现的，例如意大利感官花园，体现了以人们的屋外活动为核心的广场设计理念，这是脚踏实地以人为本思想的结晶。人文内核也是目前我国广场建设中最缺乏的一个方面，类似这样立意的广场在国内凤毛麟角、极为罕见。但这样的广场存在无疑会使周边市民的活动极大丰富，也会提高广场服务范围内市民生活的舒适指数。当下社会不断地呼吁提高人们生活的舒适度、提高人们生活的幸福指数，而城市广场建设中的人文内核将会起到重要推动作用。

任何时代的城市建设都存在着成就与不足，作为生活在城市中的市民更要以客观的角度去对待，而作为城市的建设者与设计者更要辩证地去看待城市的现状与发展。城市作为人们生活的重要载体，极大程度地影响着我们的生活，而城市广场作为人们户外生活的重要载体，也影响着我们的日常出行与社交活动。

城市广场对于中国绵延数千年的城市建设史虽显年轻，但其存在于城市环境中的价值毋庸置疑。将其打造成广大市民津津乐道、流连忘返的城市空间是城市规划与设计人员的职责所在。

参考文献

[1] 蔡永洁.城市广场：历史脉络·发展动力·空间品质 [M].南京：东南大学出版社，2006.

[2] 张蕾.中国当代城市广场设计——反思与再研究 [D].北京：北京林业大学，2006.5.

[3] 李季.基于人性化要素的城市广场尺度设计研究 [D].合肥：合肥工业大学，2012.4.

[4] 王珂，夏健，杨新海.城市广场设计 [M].南京：东南大学出版社，2000.

运动的城市：体育休闲景观

/ 李伟红　丁山　黄滢 /

体育活动 / Physical activity

　　体育对于人类来说有着悠久的历史。原始人类在为生存而同自然界进行斗争的过程中，掌握了走、跑、跳、投掷、攀登、游泳和其他各种生存技能。体育活动作为社会文化现象，是随着人类社会生产的发展和社会生活的变化，并伴随着人类社会、教育、宗教和军事战争、舞蹈、搏击等活动内容而发展，正是人类体育活动的早期形式。体育作为一个专门的科学领域，是在人类社会长期的实践中，随着社会的不断发展而逐步建立和发展起来的，它受到一定的社会、政治、经济因素的影响与制约，也为一定的社会政治、经济服务[1]。体育作为教育的一个领域，其定义为"以所选择的身体活动为手段，在身体、知识、精神和社会方面形成完全的全人类性格化的教育过程之一"。

那么体育休闲空间设计的出发点是什么呢？传统"环境决定论"的设计方法往往专注于表层功能与形式美的研究，很少顾及环境主体——人的行为心理及行为习惯，以致人工环境"使用不当"和"废置不用"的现象屡见不鲜[2]。从20世纪40年代起，有关环境行为心理、行为现象的系统研究逐渐影响到设计领域以及环境意识、人本意识，使人们认识到必须把环境设计建立在反映人的生理、心理和社会需要的基础之上。因此，试图把体育建筑外环境建成面向群众的生态型体育公园，使环境能够满足城市居民物质和精神需要，蕴含人活动的各种意义，就需要了解群众在体育休闲空间中的行为特点及心理需求，使空间环境能够适应群众的行为和心理，发挥空间环境的能动作用，达到对空间环境的认同。

目前，我国体育休闲空间环境还存在忽略使用者社会需求、无法满足市民与社会期待、门庭冷落的现状。因此，应从环境使用者——人的行为特点与心理感受出发，满足现代人层次性、自娱性、多元性和自聚性的体育活动行为特点，创造可使人获得清晰方向感、体育活动场所感和场所熟悉感的良好心理感受，支持并鼓励人们在这样的空间中活动。体育休闲空间环境设计的最终目的是为得到群众的理解与接受，得到认同。外环境的

符合人精神要求的审美空间 / Aesthetic space that meets the requirements of human spirit

城市外部空间体育活动设施 /
City external space
sports facilities in China

形式、意象和意义是影响人们对环境认知的主要方面，只有外环境空间形式生动，结构关联可识别，功能多样，意义深邃，才能使外环境具有较强吸引力和聚合力，即"场所性"得到大多数人认同，从而成为城市中人们向往和乐意驻留的空间。

体育休闲空间环境设计主要是外部空间构成、组织以及趣味空间的设计问题[3]。也就是说人参与形成的体育休闲空间环境不但是自在的，还以具体的"人"为基点，空间设计不仅涉及满足人物质要求的"实用空间"设计，还包括符合人精神要求的"审美空间"的设计，寻求二者的整合并构成有机统一体，通过设计改善群众活动条件，所以说研究体育休闲空间环境设计具有重要的现实意义。

城市的外部空间是人们日常生活的重要场所，是一个城市综合面貌和市民文化内涵的展现，也是一个城市生机与活力的重要体现。随着我国经济的飞速发展，城市建设的步伐不断加快，城市面貌发生了很大的变化[4]。但是在我国人口众多、经济发展不均衡的前提下，尽可能地为城市居民提供足够的、舒适的体育休闲场所，是建筑师、规划师和景观建筑师所必须要面对和解决的问题。

本文经过深入调研，对体育休闲空间环境的设计问题进行理论探讨和方法分析的基础上，紧密结合时代特征和社会现实，应树立主题突出、因地制宜、整体性、可持续性、协调性、科学性、生态化、以人为本、社会

体育休闲活动 / Sports and leisure activities

服务性和安全性的设计观。从我国的现实情况并参照国际范围内体育休闲空间环境的发展趋势，我国体育休闲空间环境的设计应注意以下几个方面问题：

首先，应意识到体育休闲空间环境的必要性，树立环境意识，把外环境的设计作为城市总体规划设计程序的一部分，从盲目追求完美的单体空间设计转变到城市环境的整体设计上来。

其次，体育休闲空间环境设计的立足点转变到满足群众的行为和心理需求，诱导并激发群众体育活动的开展，增强人民体质，陶冶情操。在满足体育休闲空间环境疏散功能的前提下，重视体育休闲空间平时面向群众休闲、运动的可能，创造出真正适合城市的大众休闲活动的空间。从外部空间的构成、空间尺度、空间组织等方面注意考虑群众的活动心理和活动要求，为群众提供日常活动的场所，创造平时群众可依赖的外部空间，增强体育休闲空间的多功能使用以适应城市生活的复杂多变，充分考虑体育休闲空间环境改善城市居民生活和为城市生活服务的途径。

最后，注重外环境对城市整体环境的影响，使体育休闲空间环境成为城市生态化的重要因素之一。

总之，应力求将体育休闲空间环境设计成体育设施与城市娱乐公园的综合体，成为具有多重功能的康乐生态型"体育休闲空间"。其性质以体育活动、健身休闲为主，其服务对象面向普通群众，其存在建立在体育休闲空间环境全面对社会开放的基础上，其内容应是多元的。创造符合体育、休闲活动性格特点，可激发群众活动热情的整体环境氛围，营造活泼、开阔、宁静、轻松、优美的娱乐和休闲空间气氛。

参考文献

[1] 杨向东 . 中国古代体育文化史 [M]. 天津：天津文化出版社，2000.

[2] 弗·阿·戈罗霍夫，勒·布·伦茨 . 世界公园 [M]. 北京：中国科学技术出版社，1992.

[3] 薛海红，唐建倦 . 休闲与休闲体育 [J]. 西安体育学院学报，2001（10）.

[4] 芦原义信 . 外部空间的设计 [M]. 尹培桐，译 . 北京：中国建筑工业出版社，1990.

人文精神影响下的北京官式牌楼的艺术特征

/ 付雪妍　房宇亭　黄滢 /

　　"人文"一词所包含的内容，带有时代更替的不同主题和历史推进的痕迹，人文包括中西方不同文化的人文精神。现代的人文精神极其重视人性及其精神，同时还强调人与自然的和谐相处，主张人文，关注技术而不是受技术统治。"人文精神"在建筑设计中的具体表现，就是工匠们不但具备建筑的塑造能力，还要具备设计能力，设计能力是通过分析建筑的地理位置、周边环境以及当地的民风民俗来设计出具有人文艺术的建筑。牌楼作为单体建筑，不仅应考虑牌楼的功能属性，还应该满足人们物质与精神需求，这就是牌楼建筑设计中的人文元素。

　　单体建筑的牌楼是中国传统文化的结晶，艺术的瑰宝，承担着精神文明的创造与传承的重任。官式牌楼作为单体建筑，其与人文艺术密不可分，人文艺术利用官式牌楼传达人文的思想，而官式牌楼则作为人文艺术发展的一部分，利用官式牌楼各个建筑构件来延续其发展的力量。另外，官式牌楼既具有功能作用，又具有审美作用，官式牌楼的发展与人文艺术相辅相成，互相影响。

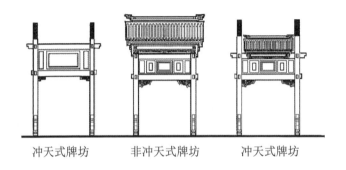

冲天式牌坊　　非冲天式牌坊　　冲天式牌坊

牌楼样式 /
Archway style

一、官式牌楼的建筑与设计手法

从外形上看，可根据有无屋顶，分为牌楼和牌坊。牌楼则可根据立柱高低不同、是否高过楼顶则可分为冲天式和非冲天式；另一种分法是依据牌楼的立柱是否高出额枋或是楼檐，而将其分为柱出头式和柱不出头式。综上所述，牌楼因立面形式不同可分为：柱出头式（冲天式）牌坊、柱不出头式（非冲天式）牌楼以及柱出头式（冲天式）牌楼[1]。

官式牌楼型制一般为四柱三间九楼，高小于宽，呈"一"字形向两边张开；没有进深只是一个立面建筑且前后无依靠；北京地区的官式牌楼大多为木牌楼，其楼顶数量以三楼和五楼居多，七楼较少。牌楼室外等级可根据楼柱的多少来划分，立柱不同则开间也不同，从而各个部位名称也不同，牌楼明间的楼顶称为主楼，稍间与次间通称次楼，其余则为边楼，夹楼是出现在正楼与次楼或次楼与边楼之间的小楼顶。楼顶高度会随着主、次、边的等级依次递减[2]。

官式牌楼材料的应用以木质、石质、琉璃质三种类型为主。木质牌楼修建难度低、时间成本低，但极易受到腐蚀，保存时间短。官式木牌楼以二柱一间一楼及四柱三间五楼居多，其楼顶与立柱顶都为瓦，楼柱底端用汉白玉的夹杆石包围，其余构件则均为木质。石牌楼多用汉白玉，相对敦实，结构简单但特点突出，楼身大多无彩画但也有特例。琉璃牌楼是以砖

朱色墙壁 / Vermillion Wall

官式配色 / Royal color

牌楼的墙为实体，在其表面施以黄绿色的琉璃面砖，在顶部放琉璃瓦，是官式牌楼中等级最高且最贵的。牌楼还可用多种材料。木石材料混合的，立柱与梁坊采用石质，楼顶大多采用木质，使牌楼既有木材的轻盈还有石材的稳重；砖、石材料建造的通常两种材料混合应用，工匠吸收砖和石各自的优点与特点，通过特定的手法将二者结合。北京城内现存官式木牌楼32座，石牌楼17座，琉璃牌楼7座，其中琉璃牌楼都有屋顶楼檐，且都为四柱三间七楼，是城内数量最少的牌楼。

　　官式牌楼材质不同色彩也不同，不同等级的色彩也不同。木牌楼色彩丰富，大多为金、蓝、绿、黄、红几种颜色组合；由于石牌楼不易上色，故而极少出现彩绘，但并非没有；琉璃牌楼上色彩运用最多的是皇家的黄色与绿色。

　　无论是何种材质的官式牌楼，都会雕刻有吉利纹样、图案。雕刻手法主要有雕、刻、塑三种，雕与刻是对对象进行减法，塑则是对对象进行增加。木牌楼的雕刻主要在小花板及龙凤板上，内容大多为双龙戏珠及花卉，楼檐上的脊兽也会采用圆雕和透雕，花板上有时会用透雕进行装饰；石牌楼上的雕刻主要在立柱顶端和额枋等上部构件，题材多为云纹，立柱上会有水浪和花卉等；琉璃牌楼的雕刻主要在拱券、额枋、檐及斗拱上，题材有双龙戏珠、云纹及花草纹等[3]。北京地区的大花板上基本是二龙相对图，小花板、额枋等会出现花卉和云纹。

各式牌楼的比例也都是不尽相同的。北方官式牌楼凝重大方，楼高与面阔之比多为（3～7）：10，整体造型平稳且踏实；明间面阔与次间面阔之比多为（1.2～1.6）：1；柱高／面阔（明间）之比为（1.1～1.4）：1；其楼檐从立面看，大概占了整体的四分之一到三分之一；楼檐的高宽比约为3：10左右，在横向上伸展；楼檐翼角比例和高度也有着严格规定，大多情况下为一个柱径左右；楼檐正脊吻兽的高宽比为10：7；夹杆石大多为明间柱高的1：3左右。

二、北京官式牌楼人文精神的传达与表现

对北京地区官式牌楼进行调查后发现，其具有一定的推崇等级制度、传递皇权威严的作用。从宏观上说，牌楼立的地方不同等级也不同，其尺度因等级的不同也不同，皇家牌楼比普通的要高大，且牌楼等级越高，楼数越多，立柱越是粗壮。从微观上看，牌楼的彩绘有着明显的差异性，官式彩画分为旋子彩画、和玺彩画及苏式彩画，彩画大多集中在额枋、大小花板、立柱顶端及垂莲柱上，颜色以红、蓝、黄、绿、金最多见[4]。其中和玺彩画是等级最高的彩绘手法，旋子彩画仅次于它，是广泛应用的图案

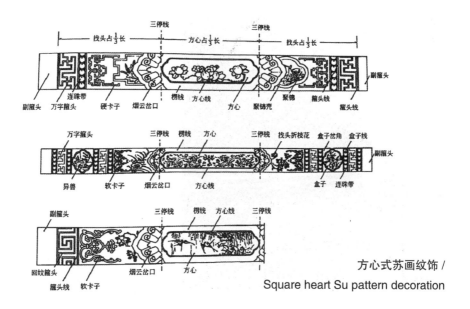

方心式苏画纹饰／
Square heart Su pattern decoration

形。旋子彩画其花纹图案外层花瓣是旋涡状样式，清新自然；和玺彩画以"W"形的纹样为主，最基本的框架是斜大线画法；苏式彩画，是指原苏杭地区的民间彩画与北方官式彩画相融形成的，其纹样有方心式苏画纹饰、海墁式书画纹饰、包袱式苏画纹饰[5]。

北京官式牌楼的楼顶也有等级区分，其形式等级从高到低有庑殿顶、歇山顶、悬山顶，极少数会使用攒尖顶。匾额题词中最高等级是御笔亲题，最上乘的是在汉白玉的底板上贴字或者有十二金龙盘框，六龙盘框木板贴金字为次级，花框的木板平阴雕字为再低一级，更低的是无框木板红字或者红色的匾额题金色的字，民间的匾额一般为黑色[6]。

北京地区的官式牌楼本身的外观样式为两边低中间高，有着自我对称性。在建筑群中，一种是以群体组合的形式设立在正入口，且在中轴线上对称于建筑群的中轴线，开间方向与建筑群中轴线平行；另一种是以单独的形式对称于主体建筑群中轴线的最前端，设在宫殿大门入口，开间方向与主体建筑的中轴线相垂直；还有一种是以棂星门的形式出现，围绕祭坛的中心点对称设立，开间方向平行于祭坛的方位[7]。这几种存在形式突出体现了北京官式牌楼还具有着群体对称性的特点。

除以上两方面外，通过观察官式牌楼的形制、规格、花板、彩绘、雕

皇家官式彩画 /
Royal official color painting

刻、匾额、楹联、图腾、神兽等，我们也可以体会到不同地区的地域特色，以及不同地区的民风民俗等。

牌楼的人文景观意象是指随着时代的发展，为了使人们的物质与精神得到满足，在和周边有关的基础上与文化特征连接在一起而构成的不一样的景观功能。其中，官式牌楼的审美意象是一种对世界或者对周边环境直观感受的特殊形式，一种人与自然以及社会相互影响而形成的状态。而其功能意象则主要有屏障、景观边界的建筑功能；引导、标志的功能；美化周边环境的功能等。除此之外，牌楼还拥有道德教化群众、追思先哲、旌表褒奖、展示民风民俗等社会功能。

综合所有论述可以看出，我国古代的牌楼不仅参与了中国历史与文化的发展，还成为中华文化的传承，牌楼身上传达了诸多的人文精神，体现了我国封建社会以"礼"治国，受封建礼教的束缚。另一方面牌楼的建造还体现了地域文化以及北京地区的民风民俗。作为设计者应该尽可能多地深挖古建筑的内涵，从古建中吸收精华，为当今新建的建筑系统增添活力。

参考文献

[1] 韩昌凯. 北京的牌楼 [M]. 北京：学苑出版社，2002.

[2] 许康. 牌坊研究：[D]. 深圳：深圳大学，2005.

[3] 金其桢. 论牌坊的源流及社会功能 [J]. 中华文化论坛，2003（1）:71-75.

[4] 宋敏. 当代人文精神下的建筑装饰 [D]. 安徽：合肥工业大学，2004.

[5] 萧默. 中国建筑艺术史 [M]. 北京：文物出版社，1999.

[6] 胡敏萍. 建筑装饰与建筑关系浅析 [J]. 知识经济，2011（8）：97-97.

[7] 梁思成. 梁思成全集 [M]. 北京：中国建筑工业出版社，2001.

乡村景观意象下的艺术至境美学研究

/ 殷正琳　丁山 /

　　"乡愁就是你离开这个地方会想念的"，也是人们内心深处对家乡、对曾经生活过的地方的记忆、怀念与向往。乡愁景观是乡村人代代相传延续历史文脉的一种外在表现方式。所以不同的乡村具有不同的乡愁文化，其乡村景观也不同。

　　"乡村景观意象是将人对乡村的印象、理解与精神寄托摹写于乡村自然环境、农业生产以及乡村人居环境三者组成的图卷中，这幅图卷的目的在于以物境引发意境。"乡村景观由传统乡村的物质文化生活给人带来独特的审美感受，让人们体会乡村文化的精神，两者相互作用，从而引起人们情感上的共鸣，带来意蕴上的升华。

乡村景观 / Rural landscape

中国建筑大师王澍曾言，"现在城市的大拆大建，使得城市里的建筑文化传承几乎没有希望了，仅剩的一点'种子'就在乡村，我希望它还能生根发芽"。中国自古以来是一个农耕大国，乡村文化是我们中华文化的重要组成部分，乡村建设更重要的是担负着"民族再造"的责任。在我国快速城镇化过程中，构建乡愁景观不仅仅是对乡村环境的提升，更是对传统的地域特色和乡村文化的传承与发展，对实现乡村长远发展具有重要意义。景观具有传承文化内涵的重要作用，城市景观的发展虽然不断地更新变革，但乡村景观从古至今却一直保持着其特有的精神内涵——田园文化。山水田园诗人不仅要用心体会自然的奥秘，更要用意象语言表达出它的风采[1]。

乡村景观对于空间层次的营造早在古代诗句中就有所体现，谢灵运的《初去郡》中描写："野旷沙岸净，天高秋月明"，诗人运用几处乡村元素将画面意象娓娓道来，而把握乡村元素和景观的特征是营造空间层次的关键。韦应物的《滁州西涧》中"春潮带雨晚来急，野渡无人舟自横"中，描写了傍晚绵绵春雨落下，使山涧中的流水带起浪潮，空无一人的渡船在水中独自飘横。在这幅寂寥的春雨图中绵延不绝，就如同景观意象寄托于乡村画面空间一样，意义深远。而在色彩对比的营造上，杜甫的《绝句》"两个黄鹂鸣翠柳，一行白鹭上青天"，其中黄与绿的对比，白与蓝的相互融合是整首诗的主调。黄色作为暖色调，在整副冷色调的山水意境中本应显得突兀，但黄不似红那般明艳，在碧绿的柳丝的衬托下显得格外柔和可爱。谢灵运《石壁精舍还湖中作》中的"林壑敛暝色，云霞收夕霏"，幽深的夜色在山林的衬托下十分沉闷，而云霞的鲜艳明媚，仿佛为整幅画面带来了生机与希望。这类诗以色彩描绘为主要创作手法，营造出乡村景观的独特意象。

乡土文化正随着环境的变化逐渐走向消亡，田园文化随着不同的乡村发展逐渐形成并延续。前文剖析的田园山水诗中我们从自然的空间、色彩营造手法中领悟到了古人田园文化智慧的精髓凝聚，这对我们现代乡村景观设计的启示颇丰。乡村景观设计是以保护自然生态环境为首要设计目的，在规划建设中要对环境的破坏程度做到最小化，尊重自然景观原始面貌，以向人们呈现出最佳精神享受。在设计中应注重其易识别性，通过单个意象元素个性化设计及各元素间优化组合，形成鲜明意象性。保护与传承历史文化，丰富当地村民生活，重整精神家园。

乡村景观的空间格局 / Spatial pattern of rural landscafe

在我们乡村景观设计中要尊重不同地域的特殊性、保留当地田园风光的优势，同时挖掘他们的文化特征，将乡村景观意象由虚入实，在景观设计范畴内体现田园文化精神，通过设计师之手并将其合理地表达出来，传承并且保护乡村田园淳朴的文化情怀，坚持人与自然和谐发展理念，运用科学发展观合理配置植物品种，促使生态园林建设可以发挥观赏性、经济性、环保性等积极作用。

参考文献

[1] 王凯. 自然的神韵 [M]. 北京：人民出版社，2007:13-14.

3

文化传统

Cultural Traditions

一座城市的历史，
就是一个民族的历史。

——奥古斯都

　　现代城市以文化论输赢，城市文化是城市全面发展的推动力，没有文化就没有城市发展的根。

　　西方引导了近代化和现代化，带来世界快速发展变化的同时也给地球资源带来日益加速的耗竭和生物圈环境日益严重的破坏。当代中国社会城市发展迅速、景观设计蓬勃发展，但很多景观设计向西方看齐，缺失了传统特色。城市景观更是千篇一律，为了设计而设计，没有文化内涵，甚至破坏了原有生态环境。当今中国设计师还面临诸多问题：资源浪费、景观破坏、传统缺失、景观面貌千篇一律、人口增长、城市化加剧等等。如何从自身设计领域出发，为解决人与自然关系提供有益帮助也成为现今要思考的问题。

　　中国传统文化里的"天人合一"理念却会让人类重新恢复理智，融入、回归自然。中国传统文化影响了我国古典园林的设计理念、设计方法等方面，且对当代景观设计理念、手法、生态等等有深刻的借鉴价值。从传统文化中汲取的手法，对解决当代景观设计中前千篇一律、缺乏文化性、生态不适宜等问题具有积极的意义，为营造更加人性和谐的生存空间提供了理论指导和实例。

　　不同地域的文化在相应的地域景观中得到极大的体现，当代中国的景观设计只有扎根于传统文脉和各种传统文化当中，才能产生丰富的内涵和深刻的意义，成为不朽的作品。无论社会是变迁还是稳定发展，但人们都有一种追求美好的情感。因为人们对美的追求从未停止过，所以人们才渐渐明白了高尚和完美的含义。中国传统文化受到当代景观设计师的推崇与借鉴，当代设计师从中国传统文化中汲取先人设计智慧已经取得了一定的成果。

道家思想对庭院景观意境构成的影响

/ 张方舟　孙佳慧　黄滢 /

一、现代庭院景观意境中的道家美学精神

1. 道家的美学精神

道家哲学思想的来源《道德经》中虽未直接谈及美学，但却充满了美学之道，其中老子的道论可以说是达到了真善美统一的境界，"道法自然"更是其思想的精华，而"道"作为其中最抽象的概念，被认为是天地万物之始，正所谓"道生一，一生二，二生三，三生万物"。这体现了"道"的整体美，其作为一个不可分割的整体而存在，具有丰富性与包容性，我们不

上海植物园盆景园景墙 / Shanghai Botanical Garden Bonsai Garden wall

能用单一的方式去把握它，这种人与宇宙万物自然和谐的整体意识正是未来景观的发展趋势。

"道"是客观存在而不以人的主观意志为转移的，其自身是没有任何含义的，从这个意义上，"道"常常作为"无"，其最大特征就是不做任何限制，让宇宙万物能够充分地如其所是的存在，即道家思想中的"自然无为"。无为并不是指不作为，而是顺其自然、不妄为、不强为，其结果正是无不为。"无为"之所以能达到"无不为"的境界，关键在于"无为"乃"自然"，即以"人工"再现自然，甚至创作出比自然的表现形式更为高超和清新，更能够体现"道"之本质的"巧夺天工"之作[1]。"无为而无不为"作为艺术创作的辩证法则，体现了艺术家自我本性逐渐消融，而根植于宇宙本源的生命创造力充盈勃发的至高境界。

道家的精神特质也在崇尚"自然无为"中体现出来："其一是追求返璞归真，其二是追求脱俗超迈，其三是提倡柔静之道。"（《道教通论：兼论道家学说》）。这些思想渗透在园林艺术中就呈现出了隐逸避世，亲近山水的面貌。在此基础上，园林才真正具有狄尔泰所说的"第二自然"的意义。人类社会与自然界中才拥有了真正意义上的桥梁。庭院艺术的营造也只有依照柏拉图所言的"使一切美的事物有了它就成其为美的那个品质"，其才可能用"无为"来体现和展示事物的内在本质美，让这种庭院设计的艺术作品能够超越"伪"（人为），从而实现自身的美与真。因此，自然而然、无所用心的表达方式更能契合景观的自然天性，达到"景"与"观"的自然交融。

2.园林的景观意境

意境，是客观存在反映在人们思维中的一种抽

植物营造意境 /
Plants create artistic conception

上海植物园盆景园 / Shanghai Botanical Garden Bonsai Garden

象造型观念，是有形中表现出的无形，是有限中的无限。景观有以有限空间描写无限空间的艺术特点，故而在景观设计中产生了"精神空间"这一表达景观意境的手段，其是"景"与"人"相互影响、结合的产物，是通过对景观作品的感受体验活动产生的，可以说景观意境是景观审美的终极目标[2]。

在一个景观作品中，景观本身是具有美因潜质的审美客体，观赏景观作品的人是具有审美意识和能力的审美主体。更进一步来说，观赏者的审美能力是审美主体将景观的美因信息转化为审美效应的能力，审美态度是只有达到主体对景观的需求与客体相互补的状态，才能发生的审美反应，且景观审美态度受到审美主体对于美的渴望、客体的审美诱导、主体的审美能力等多方面的影响。

欣赏景观作品是离不开联想和想象的，所以真正的景观审美活动是建立在人与景观情感的交流上，但这一交流要以自然景物的固有属性为基础。从设计的主从关系上看，人的精神需更胜过空间功能的利用。人追求人与环境和谐相处，所以应将有限的景物与无限的情感内涵相交融，以此来达到和谐的景观境界，这也就是我们所追寻的景观意境。景观审美的层次不同所追求的景观意境也大不相同，我们可以将景观审美简要地分为三层：追求感官的愉悦为浅层；理解与情感的融入并产生想象为深层到多层；提取精神变为手段来触动人的情感，是景观审美的终极目标。

二、道家美学在现代庭院景观设计中的应用

现代庭院的景观设计将功能、形式等与人的情感融为一体，并向人性化、生态化及简约化发展，庭院设计的前瞻理念与"道"的美学精神不谋而合。现代庭院景观意境的探讨是建立在人与自然或心与物间的关系之上的，而中国古典哲学中的"道法自然"、"天人合一"观念，为意境中人与物的和谐统一的关系奠定了基础。

1. 现代庭院理念与道家思想的现实表达

道家的生态智慧包括生态审美性与生态和谐性两方面，前者是以自然之道为基础的美学，强调人与自然的浑然一体，强调生态系统的自然、和谐；后者则强调生态系统若要稳定，则构成因素就要有机统一，进而形成大美。道家美学思想对现代庭院营造的现实指导在多方面得以体现，下面列举几个方面：

（1）"道法自然"在庭院景观中的运用

"道法自然"这一思想在庭院景观中的具体表现是，在总体布局的设计上要因地制宜，注重外环境与内环境的结合及"灰空间"的整体设计。要使人与环境和谐与共，就要做到生态的重建与恢复，须景观、庭院及建筑间相互影响，形成绿色私密空间。

苏州报恩寺 /
Suzhou Baoen Temple

庭院中的"灰空间"，即虚静设计具体体现在庭院有"空"有"虚"，这样才能使其有活和动的未来 [3]。

（2）道家生态观指导下的生态庭院构筑意义

道家的生态智慧包括生态审美性与生态和谐性，前者以自然之道为基础的美学，强调人与自然的浑然一体，强调生态系统的自然、和谐。后者生态系统若要稳定，则构成因素就要有机统一，进而形成大美。这一生态美学在庭院创造中，则体现为强调遵循生态规律和美的法则，也提倡运用科技手段创造人工生态美。绿色美学思想把生态平衡当做美的理想与追求，期望创造生态、绿色、健康的理念和相应的技术体系为支撑，通过注入生态元素所建造的庭院住宅。生态性的景观设计将成为未来景观设计的主流。

（3）"无"与极简主义庭院的契合

极简主义庭院景观的营造，是一种以极少的设计装饰元素，来控制大尺度的空间且表达意境深远。极简庭院的"境"与道家思想的共鸣，体现在极简庭院遵循"道"的规律，使用"无"来进行整体性的设计。可以说是"有生于无"的手法营造 [4]。极简主义的形式对应着现代生活的功能需要，而在感悟中又满足了现代人的精神需要，是现代景观设计最明智的定位。

景观设计师必须关怀人的心灵，拉近人与人、人与自然之间的距离，将人的情感以适当的方式获得表达，让人摆脱心灵的孤独，给人以归宿感，在超越世俗的水平上享受自然之美，达到人与景观的"物我相融"，这也反映了道家美学精神的精髓，即对自然万物的尊重及对"顺其自然"心理与手法的把握。这一思想精髓为未来景观发展趋势指明了方向。

参考文献

[1] 王泽应.自然与道德：道家道德伦理精粹 [M].长沙：湖南大学出版社，2003.

[2] 黄滢.禅意东方 [M].武汉：华中科技大学出版社，2012.

[3] 王雪莲.移境移情：论场的改变对观者感受的影响作用及意义 [D].北京：中央美术学院，2006.

[4] 赵鑫珊.人—屋—世界：建筑哲学和建筑美学 [M].天津：百花文艺出版社，2004.

后现代古典主义在城市景观中的应用

/ 丁山　孙佳慧　黄滢 /

城市雕塑与城市绿地 / Urban sculpture and urban green space

　　在现代城市中，随着物质生活的日益富足，人们在面对丰富多样的城市生活时，却越发重视心理和精神上的平衡与满足，渴望寻找属于自己的精神世界，属于自己的理想家园。在这一背景之下，一些古典主义设计范畴的内容，就自然而然地被运用到了现代城市景观设计当中。一个传统的古典主义风格景观，包含它所在国家的历史、文明、文化和艺术等多方面，有其特有的不可取缔的重要作用，这不仅影响着整个现代化城市的景观设计，而且越来越多的都市人，都将其视为自己所追求的一种精神思想和寻根理念[1]。

　　当然，将古典主义设计范畴的内容应用到城市景观，并不是指对历史单一的模仿，而是通过不同的表现手法，将新材料、新技术广泛、大量地运用到城市景观的建筑、设施中，使古典园林内的各类精品建筑与城市景观更好地相融合，与城市环境相互制约，为城市增添另一份古典园林的意境和美感，使城市景观内容更加丰富、更具有特点。

古典主义以其新旧融合性、通俗稳定性、广泛传播性的基本特性，在当下环境中仍能够继续发展。这种将古典主义风格逐步移向现代城市景观设计的理念是属于后现代古典主义的范畴，是后现代古典主义在后现代景观中占主导地位的体现，而且在很大程度上也是后现代景观在现阶段成熟化的具体表现。后现代古典主义的应用是城市景观设计中园景设计的一种方法，随着时代的发展成为城市设计要素中重要的构成部分，也是人们对于公共空间需求提高的必然产物，是逐步发展演变而成的[2]。

回溯历史，我们可以看到西方古典园林随着时代的不同一直在变化，其中自由式风景园林和法国规整式园林为西方古典园林的两大主流。法国平面几何式园林是西方古典主义规则式园林的最高体现，在其发展过程中受到历史进程不断变化的影响，最终才得以形成。而且这种形式还影响着同时期全欧洲大陆的造园思潮。英国的风景式园林则揉进了很多中国园林的情调，采用曲线布置，大量种植树木，开辟大片草地，更具有自然气息[3]。

国际花展雕塑景观 / International Flower Show sculpture landscape

城市水体景观 / City water landscape

　　当我们把目光转向现代城市景观当中，就可以发现西方古典园林对其产生的深厚影响。现代城市景观包括城市绿地、花园、广场、街区、学校、私人庭院及各类公共场所。整个环境的空间设计从宏观的地方特色、自然生态到细微的环境背景、历史文化等诸多方面，都是整个城市景观设计的中心。我们从绿地、水体、雕塑这三个方面进行分析，城市景观绿地的形式一般都比较像古典园林中的花园或公园，同街道部分隔离，绿地的选址和设计也有意识地将自己同城市内部的噪声和活动隔开，意在给人们一处逃避紧张的都市节奏的安静氛围。以水体来看，西方传统园林以大片的水景的运用而颇具特色。但在城市中设置大片水景很不实际，故而将城市中的水景设置为复合型的景观，将喷泉、溪水、瀑布与雕塑和地形协调一致，组合成水景景观来丰富现代城市景观[4]。而现代城市景观中的各类雕塑是不可忽视的，它深受古典园林的影响，并且已经成为构成整个城市景观的重要元素之一，也是具有城市代表性的、供公众欣赏的三维空间的艺术作品。

　　我们从现代城市景观设计出发，简要分析了绿地、水体、雕塑三个方面并由此说明，后现代古典主义应用在城市景观设计给人们带来舒适的体验，更给现代城市的空间带来一种历史文明的精神回归和寻根理念。由此可以看出，现代城市景观设计从现代城市人们的需求出发，创造出一种广阔的开放型生活空间，各类公共性建筑、设计、城市的规划常常会不自觉地体现出了古典园林对现代化城市的影响，人们需要一种可以自由呼吸的空间，可以安静凝思的一片秘密之地。

参考文献

[1] 刘宾宜.现代景观规划设计 [M].南京：东南大学出版社，1999.

[2] 过伟敏.城市景观形象的视觉设计 [M].南京：东南大学出版，2005.

[3] 李岚.当代城市园林景观设计风格的多样性与差异性 [J].中国园林，2002（5）.

[4] 王根强.欧洲古典园林的发展对现代景观,设计的影响 [J].园林，2006（2）.

现代江南地区佛教文化景观研究

/ 张嘉欣　陈晨　黄滢 /

　　江南地区自古佛教文化盛行，是我国古代禅宗最为活跃的地区，借助良好的区位优势与发达的经济水平，江南地区成为佛教现代化实践的主要地区。而通过对现代佛教文化景观的研究，则可以更好地保护人文与自然资源，合理地传播佛教文化，梳理出佛寺园林与现代佛教文化景观的相互关系，对于了解佛寺园林的发展与传承有着积极的理论价值。

　　佛寺园林最初出现，一方面是借助皇家园林来实现佛寺的园林化，另一方面则是借鉴私家园林的造园手法促进佛寺园林的出现[1]。之后其形成了三种基本建设模式，分别为毗邻佛寺单独建设的、在佛寺庭院内部的以及把佛寺看作整体置于郊野中的。前两类多集中在城市，第三类多表现在佛寺与山水的结合。

　　当下的中国处于现代化与后现代化交替的时代，经济、文化等多方面都产生了巨大的变化。在这一背景下，佛教也由失衡状态逐渐整体向原典化、现世化、理性化、多元化发展，同时社会信众也由传统信教群众向现代社会民众转变。禅宗与现代的融合主要表现为"安祥禅""现代禅""生活禅"，强调佛教由出世变入世性，其思想核心是通过佛法积极的入世服务于大众，这已成为中国近现代汉地佛教的主要思想。

一、江南地区现代佛教文化景观的设计策略

1. 设计重点

　　如今佛教景观分为两类。一类是现代佛寺园林，二是现代佛教文化景观，两者都对古佛寺园林有着传承，但布局、表达手法、服务对象与运营主体上有着不同。对二者的区别总结如下：

	现代佛寺园林	现代佛教文化景观
基本类型	城市佛寺、山林佛寺、乡村佛寺	城市型、山地型
布局样式	以"后百丈式"为主	多种多样
景观表达手法	传统佛寺园林手法	传统佛寺园林营建结合现代景观手法
服务对象	僧侣、信众	社会大众
规模尺度	尺度规模小	尺度规模较大
商业化程度	低	高
佛教文化	传统与现代佛教文化并重	以"人间佛教"为主的现代佛教文化
主要活动	法会	佛教文化节
运营主体	僧侣	文化旅游公司

通过对比我们可以看出，慈善救济和社会公益服务是现代佛教文化景观的关键[2]。则我们在设计过程中，可以进一步突出现代佛教文化景观的慈善特征，通过景观格局—过程—服务—福祉的系统突出现代佛教文化景观的可持续性；也可以突出现代佛教文化景观的宗教服务特色，考虑为其提供相应的空间；同时互联网与新媒体也在逐渐成为宗教服务发展的新方向，应增加必要的设施。

2. 表现手法

（1）基地选址

以基地选址来看，佛教文化景观与山地关系密切，并且是基地选址的主流，常见有山坡、山顶、山麓三种，这三者并无优缺之分。山顶范围小但开阔，常作观景点或核心，处支配地位，利于衬托佛教的庄严神圣；山坡地形地貌与植被变化丰富，利于借景；山麓平缓，多为风水要地，景观多为单向性，视野宽阔，视线呈水平，层次感丰富，风景秀丽，且交通便利，便于参观、施工。除了山地，也可在城市中建造，常常选在远离主城区、商业区，又靠近城市主干道或高速公路等位置。

（2）空间布局

纵轴式是最主要的空间布局方式，以中轴线为核心，沿其布置主要建筑及构筑，两侧设辅助空间，这种方式既突出空间宗教等级，又使景点相对独立，最利于等级的建立与游览，但对基地要求高、工程量大，不符合

苏州寺庙景观 / Suzhou temple landscape

佛教观念。台地院落式为沿着坡面、垂直等高线将建筑分成若干个空间，用踏步、坡道等串联，利于表现场地特征，融入环境，且往往尺度较小，或作为现代佛教文化景观的一部分[3]。

廊院式布局的特点在于塔殿共轴，佛殿与佛塔并重，每个佛殿被廊屋围绕，一个寺院可由多个独立廊院组成，保证了宗教庄严、游览空间的灵活及景观核心的空间进深，但要求场地平坦，整体来看空间利用率较低。

自由式布局则是整体位于一定范围内，单体呈点状分布，点与点之间通过道路相连，此样式各单体间无明显等级差别，与周围环境融合且保证了基地空间的本性，也便于佛教文化景观的分步实施，有利于江南地区现代佛教文化景观的可持续发展。最后综合式布局是指采用了两者或以上的布局，对场地充分了解的基础上，合理布局，打破单一的形式。

（3）地形营造

在设计时可以对自然地形加以利用，即利用基地的现状塑造景观景象的地域特征；也可以对传统地形营造手法进行借鉴，例如江南古典园林地形手法的筑山、叠石，或是日本地形营造中的假山、地瘤、野筋、池塘等，

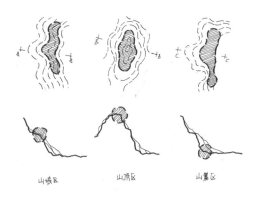

山地空间位置图 /
Mountain space location map

佛寺空间地形 /
Buddha temple space topography

或是营造微地形，通过运用人工的手法模拟包括花草树木、园林水体等景观所需要的地面形态，而设计出的用地规模相对较小的地，具体表现形式分为自然式微地形与规则式微地形。

（4）理水造景及植物配置

理水造景也可以借鉴传统的理水手法，即提炼与表现自然界中的水景并对水进行梳理。或设置放生池，将放生池与园内水系结合，建立稳定的生态系统，同时还可在其周围设置集会空间；也可以设计现代水景观装置，但在设计时要注意增加互动性，并且控制尺度，避免维护成本过高，对水景可持续发展产生不利影响。植物配置可分为规则式与自然式，在表现时应注意宗教审美意象，遵循变化与统一、协调与对比、对称与均衡这三个原则。

（5）建筑及景观构筑

建筑是佛教文化景观中的主要载体。目前建筑的布局与形式基本以改进古制为主，大多功能分区不协调，修行与后勤服务空间不足。我们在设计时应不拘泥于形式，合理安排功能，回归朴素的审美。大型景观构筑往往是标志性景观，常常因体量过大而造成生态破坏且与佛教思想不符，所以应该合理控制尺度，增加参与性与互动性，还应结合现代技术提供多样化的服务。

（6）景观小品及其他

景观小品指小而简的景观构筑物，在佛教文化景观中，其分为佛教景观小品及景观基础设施，前者重文化性，后者则更重功能性。此外，标识牌的设计也应结合景观特点设计，在铺装、装饰等细节设计上也应凸显佛教文化。

二、江南地区现代佛教文化景观实例分析

江南地区山地型佛教文化景观，以南京牛首山佛教文化公园为例，这是一个以世界佛禅文化为主，结合儒家治道文化、郑和海洋文化、江南诗词文化、江南生态文化的文化公园。整体呈自然式布局，在充分保留自然环境的同时，对景观进行重构，硬质景观多采用现代景观处理手法，利用了新材料；软质景观大量地使用了多年生花卉，提升植物景观，降低维护成本。不足之处为标识不能很好地指引游客，且部分景点过于浪费，没有设置的必要。

城市型佛教文化景观的特点是远离市中心且交通便利，以平地为主，多靠近河流等，常为佛教地脉的更新。以南京大报恩寺遗址公园为例，它是在元代天禧寺的位置上重建的。在立意上将"建筑奇迹"与"佛教圣地"两个主题作为一个整体；硬质与软质景观都以寺塔为核心，廊庑围合中间空间多为硬质，在其基础上增加水景与种植，在遗址的处理上既保留了古代的风格又应用现代铺装手法；镜面水围绕寺塔，突出核心景观的同时弱化了体量，屋顶绿化也得到了运用。其创新点在于有足够的历史积淀与丰富的佛教文化，又充分考虑了其佛教文化价值，在展现历史的同时区分了古今关系。不足之处为周围的回廊完全阻隔了塔与城市。

通过以上分析，江南地区现代佛教文化景观主要存在的问题有设计形式单一、盲目地追求外在气势、商业化过重。从根本上来说是现代佛教文化景

理水及植物配置 /
Water treatment and
plant configuration

苏州寺庙景观 / Suzhou temple landscape

观中，佛教思想、经济利益、文化体现三者之间的矛盾。解决这些问题的
关键是区分现代佛教经济的本质，健全符合现代佛教文化景观的资金运营
方式，以控制江南地区现代佛教文化景观数量与规模为前提，回归寺观经
济的本质为关键，提升本地区佛教文化特色为目的，才能从根本上解决江
南地区佛教文化景观的问题，才能更好地弘扬佛教文化。

参考文献

[1] 赵光辉 . 中国寺庙的园林环境 [M]. 北京：北京旅游出版社，1987.

[2] 胡蓉 . 当代佛寺园林景观研究 [D]. 海口：海南大学，2014.

[3] 圣凯 . 佛教现代化与化现代 [M]. 北京：金城出版社，2014.

竹的隐喻文化在当代景观设计中的应用

/ 孙思策　黄滢　丁山 /

　　《诗经》是最先把竹子和美德联系在一起的文学作品；南北朝的《竹谱》使竹子也确立为中国文化的一个重要代表，并且隐喻着文人的理想与情怀，唐朝更是把竹象征为道德的标准。随着历史发展，竹隐喻的思想越来越被知识分子所接受[1]。

　　竹子的隐喻文化存在于多种艺术形式中，在诗歌中的竹隐喻主要以"象"的形式来表达，通常托物言志，写竹情非在竹，通过竹隐喻作者内心的情感；在文学作品中则常常借竹来隐喻自己的人格、个性的追求；中

南京六朝博物馆竹影 / Nanjing Six Dynasties Museum bamboo shadow

国的书法艺术精神所包含的不仅仅是艺术家内涵的精神，还包括有艺术和笔法相结合的神韵，也被称之为气韵。苏东坡为了从竹中提炼出这种气韵，选择数竿修竹几块石头，之后就挥笔而作，故而竹隐喻在他的书法中得到很好的体现，能从他的作品中看到竹精神；中国的绘画作品则追求"得之于象外"，不仅仅是追求绘画表面效果，而是追求画的深层内涵，在以描写竹为主题的绘画作品中，往往带有丰富的竹隐喻思想，墨竹主要指水墨写意的竹，而竹画是勾勒设色竹。墨竹作为一种重要的艺术表现形式，隐喻着文人所思，所愁，所憾，所悟。

从历代墨竹画的继承和发展看，竹的伦理美学形象和精神的确立，是一个随着中华民族文化的发展而逐步发展过程。时至今日，竹的伦理精神更具有丰富的内涵，成为中华竹文化精神的主要组成。

除上述以外还有许多竹工艺，即艺术与技术的结合。竹笛在竹器中地位很高，传说汉蔡邕在仕途不济期间，意外用柯亭竹所制的笛子，竹声优美，清远，以致后世泛指美笛，也隐喻良才。毛笔也是文人重要的抒情言志工具，渗透着古人在书法和绘画方面的追求。其笔杆是由竹制成，含有竹隐喻的思想。

竹作为中华民族经久不衰的艺术题材，说明了民族审美的继承性。竹是民族魂的具象表现，精神、气节、人格、情操等抽象的事物。在园林中，人们重视形式和思想的继承，而竹是最好的语言。在造园过程中竹是艺术表现的重要题材之一，历代的造园大多用竹子来作为配景，形成幽邃的自然效果。古代文人常在园林中栽植竹子，为塑造静美氛围，让人产生静思。现代社会也继承了传统园林对竹子的运用，在当今的园林景观中，造园的形式更加的多样化，能够更加充分的展示竹的自然美、艺术美的特征，竹造景随处可见，且取得了与众不同的效果。

一、竹隐喻思想在景观中的表现

常见的植物造景中，中国古代常借兰和竹来表明自己悲壮的爱国气节，兰和竹既能象征高贵气节，又能反映出人们内心的愤愤不平；也有把竹松梅相搭配的，被称为岁寒三友，人们赋予松竹梅坚贞不屈的品质以后，它就变成了道德的载体，人们在歌咏松竹梅时，就会注重其比德的内涵，反之人们在表达坚贞不屈的道德情操时，自然地运用松竹梅的形象；竹梅兰菊的植物造景也常出现，文人称之为"四君子"，梅、兰、竹、菊所隐含的品质分别是傲、幽、坚、淡，表现了文人对审美人格思考和完美人格境界的向往，提高了园林的精神内涵；也有少部分把竹与芭蕉相搭配，除构建精神力量、隐喻清新自然的气息外，也是造景艺术的好搭档。

　　除了用来做植物造景外，竹也会以文化小品的形式出现。竹与石就是一种非常普遍的搭配，石也和竹一样，有比德之美。石头意象很多，但重要在于石头不是艺术家的专物，不应以艺术家的取向改变而改变，石头与竹的结合，散发自然的韵味；也有在前者的基础上加上梅与兰的，竹梅兰石被称之为四清，就是意喻君子的高洁品性，竹被誉为是君子，兰被称之为美人，兰竹象征着清高，而梅和石被认为是坚强意志的象征[2]。

　　竹还会作为装饰文化出现在景观中，比如做竹纹铺地，人们喜欢伴竹而居，正是这些文化传统促成竹在园林中的大量造景，还对竹进行造型变换，在园林中大量应用铺装图案，而竹的元素运用到园林细节之中，传承了竹隐喻思想；漏窗是传统造园手法之一，又称之为花窗，漏窗竹景是

竹林景观 / Bamboo forest landscape

"画题式"配景的艺术手法，以竹为图案的漏窗主要有竹花、宋梅竹等。这些漏窗是竹隐喻思想在漏窗上的延续和发展；此外还有竹编工艺，我国竹编非常发达，竹编工艺品中有些隐喻着非常深层次的思想，在现代景观中，传统的工艺越来越被现代人采用并进行了创新。

二、竹隐喻在景观中设计应用方法

在古典园林中，曾出现过以竹为题设计的园林，个园就是以竹为主题的园林代表。个园以"个"为主题，追求园竹合一，人园合一。在现代园林中，以 2007 年园博会的竹园为代表。突出竹来彰显园林设计的内在精神主题[3]。这类公园造园者通过大量中国竹元素与其他元素的搭配，向我们展示竹隐喻思想。此外竹也可用做陪衬，来突出园林主题，苏州的狮子林以奇石多而出名，竹在其中就是为衬出石头的奇与美。

竹作为景观中传统元素，在景观营造过程中，我们可以在继承传统造园手法的基础上，采用抽象空间的表现方式，在景观中不断演绎传统与现代的结合，将竹隐喻思想不断地加强，从而使竹的艺术形式不断地丰富，这是抽象空间的意义所在。此外也可以着重利用好竹元素，从竹的特征中提炼出某种元素形式，将这种元素抽象处理，与景观设计相结合，从而延续其竹隐喻的文化内涵[4]。设计师也可以根据自己的创新，设计出新颖的造型设计，通过竹材料来实践生态、环保，同时蕴含丰富竹隐喻思想。竹材料在满足我们日常生活功能的同时，设计师们也在探索竹材料的新功能。

人们对竹在环境中的感受，是依靠人的视觉、听觉、嗅觉和触觉获得的，获取这些信息以后，对这些信息进行处理，从而形成我们对这些信息的认知。通过触发感知，让人们意识到事物之间产生关联性，这种关联性启发人们的联想，竹景观的不同构成形式和功能都能增加人们的识别性，有助于人们在景观中更好地了解到竹隐喻思想，体会到设计内涵，使参观过程上升到思考的层面。

如何在景观设计中表达和传递给参观者竹隐喻思想是设计师的任务，只有立足于对竹隐喻的理解，以及结合场地情况，因地制宜，才能达到竹隐喻思想的和谐体现。一直以来，虽然竹隐喻思想有非常广泛的认知度，但是景观设计中竹隐喻思想应用还存在不足，很多设计缺乏竹隐喻思想认识层面的考虑，设计作品缺少思想深度，仍需要设计者们共同努力、不断改善。

参考文献

[1] 束定芳.隐喻学研究 [M].上海：上海外语教育出版社，2003.

[2] 丁山，曹磊.景观艺术设计 [M].北京：中国林业出版社，2011.

[3] 项秉仁.环境心理学研究方法综述 [J].建筑学报，1995（11）：22-26.

[4] 黄更.景观设计中场所的隐喻性研究 [J].中外建筑，2006（1）：72.

禅意文化在养生会所空间中的体现与研究

/ 房宇亭　吕佳丽　黄滢 /

　　禅意，即禅宗意境的简称，就是大家通俗说的真、善、美。有人说禅意是出自于释迦牟尼的一个神话故事，也有人说禅意实质是禅宗的一种，是起源于人心的思想，如人之初，性本善[1]。禅意想表达传递给人们的就是它的质朴、纯粹和淡然。当今的禅意文化也提倡"自然之道"和"简约之美"，这恰恰相对应了当代提倡的"返璞归真""节能环保""绿色设计"等一系列的理念。

　　禅意文化在养生会所空间中体现在四个方面：

　　（1）禅意文化在装饰艺术上的体现。

　　禅装饰的一个特性在于它的极简主义和反排场。在装饰艺术风格方

禅意养生会所 / Buddhist mood　health club

面，禅意文化主要融合了田园风格和中式风格的特点，但又不同于这两种风格。其有着田园风格的自然与人的和谐统一，但去除了田园的清新；有着中式风格的古朴质感，却又摒弃了中式的硬朗厚重。这些特点使禅意风格更加深邃，更加富有人文情怀。

（2）禅意文化在材料运用上的表现。

在材料运用中木材是最为常见的材料，也是运用最为广泛的一种材料。木材的纹理是丰富多样的，具有天然内敛之美，它既可以体现出禅宗的简素精神，又让人觉得朴实无华[2]。养生会所里的过道，深棕色的木质结构勾勒出了整个走道的轮廓。地面用材上不遵循用木材表现禅意的惯有思维模式，而是选用白色瓷砖，不仅在视觉上增大空间面积，又强调了木质构架的质感。镂空雕花的移门所透出的光和影，与木质交融出一种静谧的气息，光影的交织，让东方禅的平和与沉静感自然而然渲染进来。禅在本身发展的同时，也在不断地向艺术领域渗透，于是就产生了禅诗、禅画、禅石等诸多艺术形式。

（3）禅意文化在空间构成上的展现。

室内空间是多元化的，灵活多变的以适应不同的空间需求。禅意空间则强调自然、简素之美，而这种朴素简约之美会产生一种精练的视觉美感，

木材应用 / Wood application

禅意景观 / Buddhist landscape

这正是禅意空间的体现[3]。在禅意文化的空间构成上，半开放式分隔、弹性分隔等分隔方式会运用得较多。半开放式分隔以隔屏，透空式的高柜、矮柜或不到顶的墙进行分隔。当然，在表现空间的景观上，禅意风格和中式风格是有一些相似之处的，它们在分隔手法上都可以运用框景、漏景、夹景的一些造景手法。但是禅意所造之景洗练而大气，静谧而深远，蕴含着"一花一世界，一叶一菩提"的禅宗意境。

（4）禅意文化在氛围营造上的呈现。

禅意文化在氛围营造上的呈现若以颜色来区分，可以基本划定为红、黄、白三种色调。若以意境区分则可以分为三点来讲，分别是淳朴淡然之美、空灵均衡之美和宁静致远之美。

禅意空间朴素淡然之美的营造是通过摒弃琐碎、化繁为简的艺术手法来实现的，它更加贴近事物的本质，反对人工的修饰，于朴素中见淡雅[4]。禅意空间的空灵均衡之美主张考虑人与自然的平衡，即达到天人合一的高雅境界，这种境界在美学上被称为均衡美，通过造型、色彩及力道来均衡空间设计的各个方面。

现代社会，不管是哪种健康类型的人都期待得到较好的养生之法，养生会所的市场会越来越受到欢迎。入禅能让人静心，在这个繁杂的城市中，禅意的养生会所会是大众的首选。

设计评价颇高的禅意养生会所大多占地面积较大，空间开阔。而多数人认为，只有颇具规模的禅意养生会所才有足够的空间去营造禅境的氛围，才能真正做到"禅"。其实不然，一杯清茶，几枝插花，一件陶器，一幅字画，禅意就尽显无疑了。想要切身地感受到禅道，关键是身在其中之人的心是否宁静。其实禅就是一种节俭自然的生活方式，一种淡然处之的心态，不在乎地界规模的大小。

　　禅意养生会所似乎在中国的每个城市都能找到，但又似乎都拘泥于那一两种装饰风格。每一个民族每一个城市都会有自己的一些文化特色，然而有一些特色是可以融入到禅意的设计中的，这样不仅亲民（指对当地居民），而且在设计上还不落俗套。例如：北京的玉器、上海的蓝印花布、天津的砖刻、广东的枫溪陶瓷等，这些都是可以进入到禅意的养生会所室内空间中用做点缀，这样可以使整个空间或者某个角落更加别致，易趣横生[5]。因此当今的禅意文化养生会所应找准定位，符合当地文化气息，找到相对应的设计风格，并且不同养生方向可以造就截然不同的设计风格。由此可见，禅意养生会所的未来发展还是很可观的。

　　禅意文化经过时代的变迁，已经不是起初解读的"少就是多"的禅文化，其更多的是安静的禅，舒心的禅。但是纵然如此，禅意文化也不代表千篇一律装饰品的随意堆积，如瓷器、陶盆、水墨壁画等装饰物的摆放。或者也可以很广义地去理解阐述，除了它的底子，也就是它的文化底蕴、精髓需要具有空寂幽玄、静谧洗练等一系列禅境特征以外，其他在一些细节上还是可以做以调整和修饰的。当然，若禅意文化养生会所结合本地特色，符合当地文化气息，则会得到更多人的追捧。

参考文献

[1] 黄滢.禅意东方 [M].武汉：华中科技大学出版社，2012.

[2] 刘心斌.材质之美 [M].北京：中国建材工业出版社，2004.

[3] 张节末.禅宗美学 [M].杭州：浙江人民出版社，1999.

[4] 斯科特.极少主义与禅宗 [M].北京：中国建筑工业出版社，2002.

[5] 梁晨，朱佳波，俞志成，等.室内空间的可变设计研究 [J].家具与室内装饰，2018（2）.

现代园林意境的营造研究

/ 许悦　黄滢　陈晨 /

　　园林意境营造的是一个充满遐思的空间，由营造出的景观和与其能产生互动的观赏者，以及两者所产生的氛围所构成。这个意境因人而异，与人的情感，四时不同的情景以及相关作用下的环境元素密切相关，它含蓄而丰富的启发与互动式环境的营造，反映了中国造园的传统思想和造园者对最高境界的追求——"虽由人作，宛自天开"，也充分反映了中国的造园者对自然百态的深刻理解力和高度鉴赏力。

　　中国古典园林设计立意追求园林意境，主要包括人文思想、儒家思想、老庄思想、佛教思想。

　　在长期的发展过程中与文人思想相互影响，相互渗透，文人思想是受

中国古典园林/ Chinese classical gardens

江南私家园林 / Jiangnan private gardens

儒、道学说中"君子比德"与"天人合一"思想的影响所产生并发展起来的。因此人文思想对中国古典园林的影响主要是通过中国文人士大夫的性格和审美情趣的渗透，折射在园林风格和景观意境的审美观念中[1]。

儒家思想对封建社会的影响很大，自然对园林景观的创作和立意也有着重要的影响。儒家思想除了讲究大一统、讲君臣父子和讲华夷之辨外，还主张以礼制来维系社会，这对中国古典艺术精神也产生了重要影响，这与皇家园林中心和轴线思想一致，并有助于表达私家园林中诗情画意的意境。儒家思想中所提倡的"士不可以不弘毅，任重而道远"的历史使命感[2]；《孟子》中提出的"富贵不能淫，贫贱不能移，威武不能屈"的独立人格以及"乐以天下，忧以天下"的忧患意识，也使人们以积极的入世态度，关心社会及个人道德修养，并维系中国传统社会等级秩序，同时，将意志抱负蕴涵于自己生活和游赏的园林景观之中[3]。

老庄主张安贫乐道、逍遥自在、齐物我、齐万物、物我两忘、天人合一，最终达到无为而无不为的大解脱、大自在、大超然，这种精神指导下的认识论和方法论成为了园林创作中寄情山水，天人合一意境的思想根源。以老庄为代表的道教思想，崇尚自然之旨，"道法自然"，其思想主张无为，应顺从自然，追求万物和谐，这一点成为了园林意境的哲学依据，也使园林具有了更浓厚的浪漫主义色彩。

意境一说最早可以追溯到佛经，从西域传入中国并被儒学化后产生的佛教思想，不仅促使中国园林形成了一种新的园林类型——寺观园林，而且它与中国本土的老庄思想及魏晋玄学相结合，形成了禅宗。而中国园林中的意境，正是通过游赏者接触景园林的形象来产生情景交融形成的一种

十七孔桥 / Seventeen holes bridge

艺术境界，即通过形成"生境""画境"和"意境"，相互渗透与交融带来不同的意境。

中国古典园林运用各种营造手法来体现园林景观意境。古典园林景观把建筑、山水、植物在有限的空间范围内融合为一个整体，利用自然条件，模拟大自然中的景色，并经过人为的加工，提炼和创造，把自然美和人工美进行艺术的重构，形成"可望，可行，可游，可居"的艺术环境，源于自然却高于自然，以达到"虽由人作，宛自天开"的艺术境界。因此，"一勺带水，一拳带山""模山范水"等造园手法，"一池三山"等布局的应用，在一定程度上体现了直接模拟自然的造园意境[4]。

陈从周在《说园》中提到"水不在深，贵在曲折"，所谓"景贵乎深，不曲不深"，讲的就是这种意境营造手法[5]。中国的审美更趋向于自然化的甚至于刻意的曲折布局来强调园林意境。在面积较小的江南私家园林中，这种曲折而自由的布局，表现得尤其突出，如中国园林所讲究的峰回路转，曲折迂回，步移景异，幽深曲折，即是如此。用几番曲折来强调园内的幽深，使园内的景观有次序地先后展开，随着曲折布局的变换，强调了意境的深远。

划分空间的手法，是巧妙地利用地形、树木花卉、景墙建筑等，把全园划分为若干个部分，使各个部分既都有自己的意境特色，又能突出这一区域所要营造的意境特色。相互渗透，渗透在实践中运用得很多，最典型的如借景，它是把园林景观范围以外的风景巧妙地"借"到园林中来，成为园景的一部分，以丰富园林景观的一种手法。好的园林建筑和小品，必然与山池、花木协调，其体形、色彩、大小位置均要与周围环境融为一体，花间隐榭、水际安亭、长廊云墙、曲廊漏窗，使之巧妙而和谐的安排，层次丰富、主次分明，起到构成园景的作用。

营造现代园林意境有以下几个原则：

1. 以人为本

如今园林的营造已经面向大众，人们的生活空间以非常近人的尺度影响着人们的活动和情绪，园林环境成为人们接触自然、亲近自然的场所和人与自然交融的空间，所以意境的创造对于发掘现代人的审美趋向，释放人的自然情怀显得更为重要。因此以人为本的设计理念要求园林设计从科学的角度如人体工程学、行为学等从人的需求出发，关注人们的日常生活，让园林环境满足各层次的精神需求。

2. 以生态为基础，文化为动力，丰富设计内涵

生态设计思想也是现代园林设计强调的重点之一。设计从单纯的物质空间环境走向社会、经济、自然环境协调发展的层面，将城市环境视为一个整体生态系统。在这样的大环境下，人们对传统园林艺术的眼光和追求开始变得长远而苛刻，科学性，艺术性与生态性相结合的需求，对中国传统造园中的意境的创造是一个很好的推动，毕竟只有科学生态的设计才能更好地发挥其艺术性——师法自然，创造意境。因此园林设计的生态性可以说是意境存在和发展的基础。

3. 借鉴传统营造手法，创造现代园林意境

传统的造园手法为意境的创造提供了许多成功的先例。在现代园林设计中，首先，发掘人们的精神归属感。人群的不同是造成设计不同的根本原因，因此意境的创造有其自身的自然属性和精神属性。其次，追求全方位的意境效果。听觉、嗅觉等感官都要注意去调动和发掘，这样才能全方位的引起艺术的共鸣。因此，现代园林意境的创造应该深入研究文化对于中国古典园林的影响和发展，提炼出精髓，运用到现代园林意境的营造中去。

现代化城市发展提出了很多关于生态文明和精神文明建设的要求，城市园林景观设计要发扬中国园林传统，努力将园林艺术的设计手法引向现代城市建设。

参考文献

[1] 史艳红，路忽玲.试析中国古典园林的造园艺术手法[J].山西建筑，2007（3）.

[2] 周维权.中国古典园林史[M].北京：清华大学出版社，1999.

[3] 王其钧.图说中国古典园林史[M].北京：北京电力出版社，2007.

[4] 李渔.闲情偶寄[M].重庆：重庆出版社，2008.

[5] 田建林.浅谈一池三山[J].市场论坛，2004（4）:65-66.

象征艺术与中国皇家园林

/ 张弢　丁山　黄滢 /

一、象征艺术在园林中的体现

1. 园林与象征艺术的关系

　　我国的园林与建筑是传统文化系统中的一个非常重要的组成部分，园林是中国文化的一个大的承载空间[1]。象征艺术在园林中的理解是依靠参与者与园林的互动产生的一系列反应与情感的共鸣。除了对园林与建筑体量、尺寸、颜色、布局、方位、装饰和装修进行研究外，还要对山石、水池、植物、铺地进行系统的研究。在这些表象后面，园林与建筑往往传达

北海公园 / Beihai park

了一些隐藏的意义，园林中的象征意义才是当时的设计师和建造者所要表达的本义。具有代表性的如汉武帝相信神仙之说，在园林设计中引渭水为太液池，以池为中心建造假山，分别设置蓬莱、方丈、瀛州，象征着东海三座仙山。

"一池三山"的建园布局一直沿用到清代，成为历代王朝建造王室宫苑的一种模式。不过随着造园技术的发展，这种布局又有所改变，岛屿不再固定是三个，也可以是一个或者两个，譬如承德避暑山庄湖区三岛以及圆明园蓬岛瑶台等都是变形后的"一池三山"的布局。很明显，这就是古人对周围世界的观察后在园林中的实践。运用自身联想、类比、附会等象征思维方式，使园林与建筑设计建造时充满了象征性[2]。

2.象征艺术在园林中语言的升华与创新

象征艺术的语言形式在历史中的表现形式不是一成不变的，而是经过人类思维的变形与再创造构成的，有些是简单的变化，有些则是经过了"一次转译"或"二次转译"而成的，我们称之为象征语言的升华与创新。

象征艺术手法不局限于某一个层次，会介于各层次之间，特别是抽象的元素，比如音符、占卜符号等，常常表达运用者理性和感性思维的混合，

传统用色 /
Traditional colors

皇家园林景观 / Royal Garden landscape

所以象征艺术在运用时会出现意义的变换与转移。而象征语言意义的转换是以共同的语言形式为前提的。某一种语言形式的语言意义应该是大众对这个语言形式的理解，就是它的公共意义，这种理解对于同一语言集团的人来说都具有共同性，而象征语言意义的转换通常表现为增加的新的意义，或者是旧的意义被新的象征语意所替换，而就其转换的时间性而言，象征语言意义一般是随着时间的流逝所转换的。

二、中国皇家园林中的抽象象征性元素分析

1. 露红烟紫，粉墙黛瓦

在中国，早在周代就有了最初的建筑油漆彩绘，建筑与园林在颜色上的使用更加寓意了帝王统治的象征性。彩绘是表示建筑等级和建筑文化性格最重要的一种手段，建筑彩绘的出现是中国古建筑色彩高度成就的重要标志。中国传统用色多来自"阴阳五行"学说中的"五色说"，五行说引起古人对世界看法的调整，认为决定世界的因素更确切的是金、木、水、火、土五种。五行相生相克的原理是古代文化发展的奠基石，许多传统文化都是从五行说延伸而成的。五种颜色具有深层次的文化涵义，它对生活习俗发生重大影响，建筑与园林更不例外。

2. 天数通神

人类历史上，数字承载了许许多多的文化信息。数字被人为地赋予了某种特殊的神秘意义，让人联想到吉凶、福祸、兴衰、生死等关系到人生前途与命运[3]。中国古人很早便将数分为阳数和阴数，即相对应的单数与

双数。同时相信天机之一在于数字，因此又非常谨慎地使用，唯恐触犯神灵。从我国古代都城的规划到皇家建筑、宗教建筑都是运用数字象征的典范。当时的能工巧匠创造的经典之作既表达了天数的象征，又符合艺术审美的几何比例，成为中华民族的瑰宝。而一般来说都与等级观、吉祥观、宇宙观紧密结合在一起。

3. 山鸣谷应，林籁泉韵

明代计成所著《园冶》一书中主张的声借："肃寺可以卜邻，梵音到耳。"我国的古典园林中大量地运用了声借的手法，其中也隐藏了很多象征艺术的设计。在皇家园林中，承德避暑山庄的"万壑松风"就是皇家园林典型的以声借的手法对环境有所寓意。万壑松风位于宫殿东北部一组风格独特的建筑群，打破了宫殿建筑的格局。主殿万壑松风坐南朝北，面阔 5 间，据岗临湖，经松林绿荫下假山石蹬通向湖边，湖边原有一座玲珑小巧的八角亭，晴碧亭。正殿左右南部，活泼交错地布置着门殿、蓬莭咸映、颐和书屋、静佳室、鉴始斋等小建筑，由短墙和半封闭的回廊相连接，形成了既封闭又开敞的庭院，空间层次十分丰富。

叠石景观 / Stromatolite scenery

4. 弥山跨谷，复道相属

黄色琉璃瓦顶，屋顶如大鹏展翅，建筑周围雕梁画栋、飞阁流丹。清朝皇家园林建设高潮迭起，将中国古典园林创作推向顶峰[4]。自康熙中叶雷金玉建畅春园立功被钦命为样式房掌案，到清末雷献彩主持重修圆明园，清代皇家园林的建设都凝聚了样式雷世家的思想精髓。

在样式雷家族的设计中，雷金玉等人给屋顶赋予了等级象征，其象征的等级依次为庑殿、歇山式、悬山式、硬山式。太和殿为重檐庑殿式，等级最高。庑殿，即四坡式屋顶，是古建筑等级最高的屋顶式样，一般用于皇宫、庙宇中的主要大殿。重檐级别高于单檐，故宫太和殿就是重檐庑殿顶。歇山，等级仅次于庑殿，它由正脊、四条垂脊、四条戗脊组成，又称九脊殿，用于宫殿次要建筑，有单檐、重檐之分。悬山，等级次于庑殿和歇山，两坡顶。硬山，等级又次于悬山，广泛用于民居。

三、中国皇家园林中的具象象征性元素

1. 流觞曲水

我国古代常把园林常被称作"园池"，甚至还有"林泉""山水"等称谓，可见池泉、水景与园林的联系十分密切，是造园不可欠缺的构成要素[5]。水是构成园林四大要素之一，也是最活跃的一种元素。"石令人古，水令人远""山因水而活、水因山而魅"，都是说的水在园中的重要作用。水与其他园林要素一起，富有变化和创新，赋园林于生机。在中国古典园林和现代园林中，水的处理有明显不同，水体的变化既创造了园林意境，又提高了造园的艺术水平。因此，水在园林中的运用普遍而深入，其设计的象征性也因量与质的变化而发生。

2. 掇山叠石

在中国园林的历史进程中，传统的置石与山水园林相互影响、相互依存，在古典园林中占据着重要的地位，并不断地自我完善，形成了一个博大精深而源远流长的造园艺术体系[6]。无论是"移天缩地在君怀"的帝王宫苑，还是私家园林、寺观园林，都是追求山林之乐，对置石和堆山叠石都有着很高的标准与造诣，以一卷代山，一勺代水。然而，要达到计成所说的"多方胜景，咫尺山林"的效果，需使用山石元素作为其中的一部分。

东方传统园林"无园不石"的说法在中国古典园林最为讲究，仅用石品种就有太湖石、黄石、宣石、斧劈石、石峰、石笋等多种石材。这些种类山石的使用都为整个园林做出其功能性的象征意义。

3. 吟花席地，醉月铺毡

我国古典园林中铺地常用的材料有砖瓦、碎石、卵石、碎瓷片、碎缸片等，在设计和施工时，工匠们会把这些材料的综合运用组成各种纹样，铺地的图案一般都有象征含义。传统的路面铺地受材料的限制大多为灰色并进行各种纹样设计，譬如用荷花象征"出污泥而不染"的高尚品德；用兰花象征素雅清幽、品格高尚等。

4. 列庭修竹，檐拂高松

植物不仅有美丽迷人的外表，还有它深刻的文化内涵。在漫长的人类文明中，植物以其独特的方式与人类进行着交流，植物正是通过人们所赋予它们的象征意义，而融入到人们的生活中来。不仅中国园林中植物有其独特的象征意义，而且许多外来植物，也承袭着它们在外国文化中的含义，故植物所表达的象征意义是人类都具有的。

参考文献

[1] 秦佑国.中国现代建筑的中国表达 [J].建筑学报，2004（6）:20-23.

[2] 刘晓光，王耀武，宋聚生.建筑的比附性象征 [J].哈尔滨工业大学学报，2003（5）:585-589.

[3] 刘清荣.中外数字文化象征片论 [J].集美大学学报（哲学社会科学版），2002（3）:66-70.

[4] 齐浩，张俏梅.原始岩画艺术的符号与象征 [J].西北民族大学学报（哲学社会科学版），2003（3）:123-128.

[5] 居阅时，瞿明安.中国象征文化 [M].上海：上海人民出版社，2001.

[6] 赵雪倩，刘伟，中国历代园林图文精选 [M]，上海：同济大学出版社，2005.

在现代城市建设中如何延续古城历史文脉

/ 张继之　吕佳丽　黄滢 /

一、古城历史文脉内涵的分析

对古城历史文脉内涵进行分析，实质上就是挖掘古城环境的"根"，因此，把握了古城文脉就是把住了古城的"根"。研究一个城市物质和非物质层面的属性是把握古城文脉的关键。自然条件是对城市系统影响最深远和最难超越的制约条件，是城市文脉的重要内容。城市的自然条件包括气候、地形地貌、河湖水系、自然资源等方面，是影响城市产生和发展的最基本因素。世界上几乎所有的历史古城都和山、川、河、湖等紧相毗邻，它们对城市的形态、功能布局、景观有很大的影响。

北京古城 / Ancient city of Beijing

西雅图煤气厂公园 / Seattle gas plant park

从建筑史可知，城市文化特色水平的高低都和一个时期管理者的水平素质、管理体制、法规等有直接或间接的联系[1]。巴黎、北京、西安等城市的优秀规划和管理皆可以反映这个问题。18世纪法国豪夫曼的巴黎规划及艾伯克隆比的伦敦规划和实施也清楚地说明了这一点。另外，不同时期建筑设计的水平及其作品都对城市形象产生了深远的影响[2]。以北京为例，古建筑如故宫、天坛、颐和园以及近年来建起的住宅群等都反映了不同时期城市风格和艺术发展的过程，也反映了城市文化艺术的特征。

二、关于古城历史文脉延续的研究

1. 历史的延续性

古城历史文脉始终与一定时间维度相联系，城市与时间的关系是密不可分的。城市是一个流动的生生不息的有机体，在历史的长河中处于动态的演变之中，城市的历史也随着时间的推移不断地演化与更新。城市历史地段的遗存记载着城市不断演化的过程。在这个过程中，一方面城市与其赖以生存的自然地理环境紧密结合在一起，形成了城市固有的地域特征；

另一方面，在城市演化的不同历史时期所产生的人文历史印记，反映了特定时期的政治、经济、文化特征。这种地域及人文特征共同构建起城市独特的景观风貌，自然"景观风貌"不是一朝一夕形成的，它是历史遗迹叠加的结果，它的延续是城市不断演化与更新的结果，保持城市历史地段的延续性是保持城市历史文脉延续的基础。同样，试图对历史地段做一次性的景观规划与设计就形成该地段的"景观风貌"是不可能的，一定历史时期只能是在地段原有景观基础上延续或更新它的特色。但是，对历史延续性的普遍认同都源于历史地段由内容到形式不断积淀的结果。

2. 内外空间形态的连续性

要保护城市历史地段所携带的历史信息的真实性，保持历史文脉延续性，必然要求相应的空间连续性。不同的文化结构、经济结构、科技状况以及人们的生活风俗会使不同的地段形成不同的空间形态。要保持城市历史地段原有空间的连续性可以运用各种手法，就是说在该地段原有的空间基础上，进行空间的梳理和整合。如果空间延续符合上述空间的特点，并将不同历史时期的空间形态展现在人们而前，那么这座城市的文脉与环境就会给人以明晰的认同感，并展现出应有的文化品位。

罗马斗兽场 / The Roman colosseum

在发达国家，利用废弃建筑（包括厂房，仓库）进行改造，使其适应功能的建筑空间的案例很多，这种改造方法已日趋成为开发这类项目的主导方式。例如，西雅图煤气厂公园位于西雅图市联合湖北岸，突入水中地上。公园占地 8000m²，基地原先为荒弃的煤气厂。1970 年理查德·哈格事务所接受总体规划任务，设计师因地制宜，保留了部分陈旧的工厂设备。哈根认为对待早期工业，不一定非要将其完全从新兴的城市景观中抹去，相反，可以结合现状，充分尊重基地原有的特征，为城市保留一些历史。理·哈根的煤气厂公园设计并没有埋于传统公园的风格和形式，而是充分挖掘和保存基地特色，以少胜多，巧妙地简化了设计，节省了费用。

3. 传统心理的延续性

保护城市的历史文脉信息不仅靠保护实体环境，更多的是要保护该地段人们的真实生活方式和传统心理，传扬优秀的传统民俗民风，使其与物质环境共同传承下去。实体环境是历史存在，而传统心理却是历史记忆。因此，传统心理的延续就是历史文脉上的延续。伊利尔·沙里宁曾说："让我看看你的城市我就知道你的市民在追求什么"。人们都生活在已有的生活环境中，他们的生活方式、价值观念、文化习俗、传统劳作方式和所属的实体环境共同构成了所在历史地段的全部特征。

然而，如今在许多城市历史地段的改造过程中，过度的"时尚"气氛的渲染，导致其过度商业化、"现代化"，这势必对历史地段居民的原有生活方式、价值观造成一定的冲击。城市历史文脉一旦遭到破坏很难恢复，原有民风习俗、生活方式流失后就更难复生。所以，在城市历史地段展开的经济活动和社会活动必须与地段的实体环境和文化环境相适应。

三、城市建设中古城历史文脉保护与发展

1. 保护与发展的原则

（1）古城文脉的保护，要从城市全局和城市的整体发展来做好保护和规划工作，而不是单纯地考虑保护一些历史遗迹和历史建筑。

（2）要兼顾历史文化遗产保护，社会进步、经济发展和生活环境的改善，协调好保护与发展的关系。

（3）在尊重历史环境、文化的前提下，对一些历史文化遗存进行合理

地开发和利用。

（4）研究分析历史古城的特色，充分发掘和继承历史文化内涵，促进城市的精神文明。

2. 保护的内容

（1）文物古迹的保护

文物古迹包括类别众多，零星分布的古建筑、古园林、历史遗迹、遗址以及古代或近现代杰出人物的纪念地，还包括古木、古桥等历史构筑物等[3]。

（2）历史地段的保护

历史地段包括文物古迹地段和历史街区，文物古迹地段即由文物古迹集中的地区及周围环境组成的地段；历史街区是指保存有一定数量和规模的历史构筑物且风貌相对完整的生活地区[4]。该地区的建筑所构成的整体环境和秩序反映了某一历史时期的风貌特色，价值由此得到升华。

（3）古城风貌特色的保持和延续

古城风貌特色涉及的内容具有整体性与综合性，在实践过程中主要包括古城空间格局、自然环境以及建筑风格[5]。

（4）历史传统文化的继承和发扬

在古城中除有形的文物古迹外，还拥有丰富的传统文化内容，如传统艺术、民间工艺、民俗精华等，它们和有形文物相互烘托，共同反映着城市历史文化积淀，共同构筑城市珍贵的历史文化遗产。为此应该深入挖掘、充分认识其内涵，把历代的精神财富流传下去。

参考文献

[1] 李其荣. 城市规划与历史文化保护 [M]. 南京：东南大学出版社，2003.

[2] 李雄飞. 城市规划与古建筑保护 [M]. 天津：天津科学技术出版社，1989.

[3] 张永龙. 历史文化古迹的环境保护 [D]. 北京：北京林业大学，2003.

[4] 王鹏. 城市公共空间的系统化建设 [M]. 南京：东南大学出版社，2001.

[5] 汪光焘. 历史文化名城的保护与发展 [J]. 建筑学报，2005（2）：5–11.

中国传统历法对皇家园林景观设计影响研究

/ 杨牧秋　丁山　黄滢 /

一、中国传统历法在皇家园林景观中的表现形式

1. 传统历法在皇家园林景观空间布局中的体现

（1）布局选址

园林布局选址受到多方面影响。首先是源于古人生活中发现的生态意义，其次是源于中国哲学文化的影响，如《老子》中"万物负阴二抱阳"，这也是源于古代对太阳的观测。自古以来的理想居住环境，同时具有经济效益、生态效益和审美效益。

除理想居住要素外，园林选址还注重地形等原有景观条件，也就是可

日晷 / Sundial

以用于造景的自然因素。计成《园冶》在"相地"中提到"原园地为山林最胜，有高有凹，有曲有深……不烦人事之工"。可见，山水环绕之地是造园相地的理想环境。计成在《园冶·兴造论》中，将相地的要领归纳为"妙于得体合一"，要做到"相地合宜，构园得体"，指出了相地与设计成果之间的必然联系，准确估量用地之宜，设计出最合理的构园之思，才能达到想要的艺术效果。

（2）星辰布局

中国古人以人事附会天象，以天上星宫对应地上人事，地上封国对应天上列宿，这种确立天地对应关系的法则就是古代的分野理论[1]。"象天法地"是国学人文景观和都城规划的主要特征。《史记·天官书》说："众星列布，体生于地，精成于天，列居错峙，各有所属，在野象物，在朝象官，在象人事。"这种历法影响下产生的天人相应的观念，在中国皇家园林景观设计中展现得淋漓尽致。中国古代传统文化观念中，星空主宰着世间人们的命运。日月星辰在天空中运行的方位顺序都与季节的时间序列相对应，形成周而复始的季候现象，皇家园林景观在整体建造活动中，参考星辰之序进行整体布局设计，以求"上应天星"。

北海"一池三山"模式 / A Lake with three hills in Beihai

（3）山水图式

《青囊经》写道："天有五星，地有五行；天分星宿，地列山川；气行于地，形丽于天；天有象，地有形。"在传统文化哲学认知中，地表的山形与天上的星体相合，地表的河岳与天上的星辰相应，原非二物。因此皇家园林布局中的山水图式可以说是历法影响下星辰布局的另一种表现形式[2]。

总体来说，山水图式在皇家园林景观中的写实与写意手法是相互交织、相互融合的，在具体宏观景观设计中主要表现为"一池三山"的基本山水模式。皇家造园中也不仅限于一池三山模式，山水图式表现方式多样，所表达出的主题思想大体相同。

2. 皇家园林景观功能中传统历法的体现

（1）人类生态功能

皇家园林人类生态功能是指景观作为人类生存环境和条件的能力，也就是适宜人类居住的能力。古人认为天象的变化关乎人的命运兴衰，必须"察时变"，顺应天道，自然会趋吉避凶，尤其是帝王所作所为所居[3]。皇家园在林营建之初就必须依循宇宙时空规律实施一系列辨方正位、择向、择址的活动。因此，在皇家园林最初相地选址的步骤就已经发挥了景观的生态人类功能，理想的园林选址正是生态环境优美、适宜人类居住之地。

（2）伦理和美学功能

伦理和美学功能是指景观对人类的影响能力，也就是通过皇家园林景观表达出古代社会的人伦关系和满足人的审美需求。本文讨论的是皇家园林中关于"祭祀"的设计部分。为满足祭祀的需求，皇家园林中常专设景观空间用以敬天法祖[4]。

皇家园林景观的美学功能表现在诸多方面：合适的空间尺度和景观结构秩序；景观生态和景观形式的多样性与变化性；景观的可达性、持续性和自然性。在传统历法的影响下，皇家园林景观的空间环境在客观上已经做到了具有审美价值，发挥了景观的美学功能。而在传统历法的影响下，皇家园林景观在诗画的情趣和意境的蕴含这两方面也发挥了重要的美学功能。

二、中国传统历法在皇家园林景观中造园方式

1. 空间布局设计方法

"相土尝水，象天法地"是皇家园林选址原则的概括，"相土尝水"是指了解土质和水情，"象天法地"则是指观天象和看风水。具体说来设计手法有：依山傍水、观山形水势、地质水质检验和坐北朝南。

在皇家园林建造活动中，园林空间"星辰布局"的模式是政治目的、建筑意图与人对天的崇拜三位一体的体现，这种思想形成了中国传统的布局原型。园林布局从较具体的象征到较抽象的象征，造园布局方式随着观念的变化而变化。

写仿天下是中国皇家园林造园的重要特色，一方面是要满足帝王展现皇权"普天之下莫非王土"的政治权威，象征着对全天下的占有；另一方面是一种述本更新的创作手法，从某一名胜中获得灵感，提取元素，进行再创作，以一种新的形式在皇家园囿中再现，而不是单纯的照搬模仿[5]。

2. 提升景观功能作用的设计方法

（1）时空意境取象于天

皇家园林景观会直接选取历法相关的内容作为富有深意的景名，或是在对景观细节处理时选取与"天"有关的元素进行设计。在命名方面，如

皇家园林祭祀祖先处 / The place of ancestor worship in the Royal Garden

颐和园 / The Summer Palace

汉未央宫命名，十二支用以定方位时"未"用以代表西南方，且八卦中"坤"除代表地以外，还对应西南，"未央"也就代表了西南、地之中央，"王者居土中"，"未央宫"也就代表着：建筑居于地之中央，感通于天之中央的建筑。

在对景观细节处理时选取与"天"有关的元素进行设计，祭坛园林在皇家园林景观意境设计中取象于天表现最为突出。在我国国家祭祀中，祭祀场地范围内，除修建祭坛外，还营建了供天子休息、摆放祭祀用品等不同功用的各种建筑，并种植树木花草、布置园路等，以创造一个完美的祭祀场所。我们可以把这样一个包含祭祀坛台及其他建筑、植物、道路、小品等要素的环境区域称之为祭坛园林。

（2）活动设计敬天顺时

在传统历法影响下，中国古人以时为重，皇帝更是如此，注重时间和空间的和谐统一。在中国古人看来，"时为大，顺次之，体次之，宜次之，称次之"，自然与社会时间是摆在第一位的。每月该做什么，在何处做什么，都是需要讲究与规范的。皇帝以"应时"来趋利避害，保证帝王权威、社会风调雨顺，以及适时欣赏当季最美景色。皇家园林中时令活动的"趋利避害"一方面是源于古代社会的迷信，另一方面以当代科学的观点来看，则是具有科学性与生态性。时令活动影响到皇家园林的景观设计，在皇家园林中有所体现，这也是中国传统历法在皇家园林景观功能设计中的一大体现和特点[6]。

（3）天人感应，时空对应

在传统历法影响和帮助下，皇家园林景观顺时顺应自然规律率，将时间引入空间，日月星辰之运动变化、四季更替之物候变化，都在园林景观中得到体现，使园林景观充满了时间和生命的活力。皇家园林景观还在传统历法的影响和帮助之下"取宜"设计，设计的取宜就是中国传统哲学"天人合一"的体现，向自然学习，与自然交流，最终融于自然，获得生命情理和生命的意境，也就是当代所说的生态设计。这使自然变化、人的时令活动、文化哲学和养生健康结合在一起，以当代的理论来看，还具有一定的科学依据。

参考文献

[1] 陈江风. 天文与人文：独异的华夏天文文化观念 [M]. 北京：国际文化出版公司，1988.

[2] 王蕾蕾. 中国山水画时空意识研究 [D]. 济南：山东大学，2010.

[3] 孟兆祯. 园衍 [M]. 北京：建筑工业出版社，2008.

[4] 刘媛. 北京明清祭坛园林保护和利用 [D]. 北京：北京林业大学，2009.

[5] 何佳. 中国传统园林写仿名胜的创作方法研究 [J]. 中国园林，2007（6）:18-22.

[6] 周维权. 中国古典园林史 [M].3 版. 北京：清华大学出版社，2008.

中国书法艺术与传统建筑

/ 苏婧　吕佳丽　黄滢 /

　　书法与传统建筑都是我国艺术类型的集大成者。书法艺术的魅力在于点画字形和意蕴内涵，建筑之美在于结构组合、形制规模，两者之间有着密不可分的内在联系。

　　线条作为一种文化符号和美学象征，中国人在各类艺术形式的创造中都揉入了线条之美。中国文化崇尚含蓄委婉，表达上讲究迂回有道，曲折回旋，这种具有儒道精神的审美特征也渗透在书法与建筑的表现中。林语堂先生在其著作《中国人》中写道："中国建筑看来是沿着一条与西方不同的道路在发展。它的主要倾向是寻求与自然的和谐，在许多方面，它都成

建筑屋檐线条 / Building eaves line

功地做到了这一点。它之所以成功，是因为它从梅花枝头获得了灵感——首先变换到书法上的生动线条，而后变换到建筑的线条和形态之中。"可见，作为两种完全不同的艺术形式，书法与传统建筑在线条的运用上却有着美学上的联系。"于是通过书法，中国的学者训练了自己对各种美质的欣赏力……书法艺术给美学欣赏提供了一整套术语，我们可以把这些术语所代表的观念看作中华民族美学观念的基础。"

这种渗透到中国人血液中的美学价值观，在建筑的营造上体现得淋漓尽致[1]。我国最早的古代建筑史诗《诗经·小雅·斯干》中写道"如跂斯翼，如矢斯棘。如鸟斯革，如翚斯飞"，形容宫室如跂且端正，檐角如箭有方棱，又像大鸟展双翼，又像锦鸡正飞腾。《诗经·大雅·绵》中"缩版以载，作庙翼翼"也是描述建筑屋檐飞张的形象，这些富有画面感的描写将中国传统建筑线条的力与美诠释得极其生动，而这种对于线条张力与力感的追求与书写汉字时造型的要求是一脉相承的——"书要直而有曲体，直而有曲致"，这是比色彩、图像更具审美性的艺术符号。

虚实布局是空间构成的重要内容。书法艺术讲究"计白当黑"，纸面的空白虽无着墨，却以白衬黑，成为整体布局谋篇中不可或缺的重要部分。这是书家驾驭文字线条运动的能力以及把握空间切割的眼力。挥毫时利用纸面的空白与形状不同的黑色线条之间的辩证统一，取得虚实相生的效果，获得"知白守黑"的妙用。所谓"肆力在实处""索趣乃在虚处"，在这"实里求虚，虚中求实"的矛盾法则之中，使实的线条（黑）在虚（白）的映衬之下，得到尽可能的显现。

北宋著名匠师喻皓在《木经》中说："凡屋有三分，自梁以上为上分，地以上为中分，阶为下分。"屋顶曲线之美历来被认为是中国传统建筑的美学表现。屋顶的曲线和轮廓上部巍然高崇，檐部轻盈如翼，使原本笨拙的"实体"部分有了虚空般的轻灵之感。屋身由柱子、梁枋、斗拱制作成"实体"骨架，期间安排格扇门窗，装饰雀替、博风、藻井、瓦当滴水，高等级的建筑还会以匾额对联、彩画加以点缀。门窗之间的空白，装饰点缀的剔透精巧，都形成了屋身上的"虚"视感，这种"虚"的介入打破了屋身的厚重感，玲珑之感立现。屋基是建筑的基础，是建筑体量感的保证，也是顶之翼展，身之玲珑的归宿。但即使是如此敦实威仪的实体存在也因为镂空雕琢（虚）的勾阑介入而透露出亲切平和[1]。建筑立面虚实相生的做法正如同梁思成先生概括的那样："翼展之屋顶，崇厚阶基之衬托，玲珑木质之屋身。"

老子《道德经》中说："凿户牖以为室，当其无，有室之用。"中国传统建筑的"虚"是指以实体建筑合起来的院落天井，二者相互依存互生有无。天井之"虚"在于它的内部没有实体（建筑）存在，是被改造弱化的小空间，其中看似无质却有气韵流动，意境生成，是建筑的"留白"之处，呼吸之口。建筑之"实"在于它的围合墙体，它是构成建筑布局的骨骼，是建筑之所以成就的基础。建筑实体也并非密不透风，期间开门窗、修廊柱，就是在坚实墙垛和柱体之间的虚势流动；院落天井中的假山、置石也是灵动虚无空间中的实体点缀。这样的虚实穿插让建筑保持了一种"势"的连续，疏密有致，节奏起伏，让建筑的虚实空间迂回衔接，灵韵贯通。

纵观所有造型艺术，方与圆是构成一切形体之美最基本的一对元素[2]。在书法艺术中，字体多以方形为轮廓，是古人"守方立规"的价值观体现。但过于方正难免流于僵硬古板，故而在书写中又纳入弯曲节奏的变化，让字形更为圆润，中和了过于阳刚冷硬的形象，刚柔并济。蒋勋在其《美的沉思》中这样理解"方圆"概念："造型上的基本要素'圆'与'方'，与

屋顶线条 / Roof line

宇宙观观念的'天'与'地'相结合。这里的'天'与'地'又是'时间'与'空间'，是'天道'与'人世'，更清楚地说，这个'方'来源于'房子'的概念，是人世的代表，是空间的范围，是中国建筑的符号，是汉代经师所说的'明堂'。"方形"是中国传统建筑的基本型，体现出中国人的儒家性格：严谨、修身、克己。但同样浸润着释道精神的古人仍然在建筑中用"圆"传递出虚静自守，随缘安然的态度。"圆"有着极强的向心力、包容感，柔和中蕴涵刚强，低调处尽显坚韧，不仅与方形共同构成了结构秩序上的完美统一，也用"方圆"语言解释了一切美好和谐的秩序规则[2]。

中国传统建筑的建造形式与书法艺术在造型上的共同性源于"一条著名的书法原则，即'间架'"。中国传统建筑以墙垣、梁枋、柱石为元素构筑出结构与空间，这些元素可以抽象为点、线、面、体，它们的组合排列就如同书法中笔画搭建的"间架结构"一般，共同获取具有美感的造型艺术。

在书写汉字时，"一个字的诸多笔画之中，我们总是选择一个主要的横笔或竖笔，或一个封口的方框，为其余笔画提供一个依靠。这一笔必须写得有力，横和竖要写得较长一些，比其他笔画更为明显。有了这个主要笔画作为依托，其余笔画就可以围绕在它周围或由此出发散开去。即使在群体建筑的设计中，也有一个'轴线'原则，就保存在大部分中国字里。"中国传统建筑的"轴线"如同人的脊梁，其他部分或建筑则像身体的其他部位一样左右均衡对称，并且以主要建筑物的高度为准，取得各建筑物高低起伏变化。在平直的轴线匡正下，其他的元素都收敛了跳跃张狂，归于平和，所以屋顶才会凌空翘起微微的角度，诗画匾彩才有了恬静内敛的深意，建筑轮廓才有了富有节奏韵律的起伏……如同书法艺术当中的结字章法，确定骨骼，合理组合，协调比例，成就完美造型。

作为中华民族文化符号，书法艺术与传统建筑都以它们特有的魅力传递出华夏意匠。两者虽属于不同的艺术类型，但在造型元素、结构布局上都有着异曲同工之妙，并且在文化轨迹上多次重合、相辅相成，书法让建筑更具雅韵，建筑使得书法更具风骨。

参考文献

[1] 宗白华 . 美学漫步 [M]. 上海：上海人民美术出版社，1981.

[2] 蒋勋 . 美的沉思 [M]. 长沙：湖南美术出版社，2014.

园林铺装中的石元素

/ 王子豪　丁山　刘力维 /

　　石材是一种古老的建筑材料，从使用之初就因出色的装饰性和功能性而被人类广泛使用。古典园林铺装中，天然石材需要根据相应的规矩进行铺装，促使铺装风格和功能与周围环境有着较为完善的统一。伴随着如今科技的飞速发展，依据天然石材发展而来的人造加工石材丰富多样，更符合当今园林铺装的要求，但从另一方面而言却也加深了园林铺装的设计难度，往往存在与周围环境不能和谐统一的问题。我们应该认识到中国古典园林铺装审美和设计的手段，在构思和设计当代园林铺装时，能够从中提取并且引用相关元素[1]。

　　在中国古典园林中，脚下的园林铺装被称为花街，装饰有各式各样的材质和图案，构成连接建筑群落与园景的经脉，是中式园林独有的繁复美学。我国对于铺装的记载最早可以追溯到春秋时期，从那时起，园林铺地就诞生了。而现代园林铺装更是一种可以形成的景观，用一种独有的设计提升周围环境的质量，满足人们日常的休闲娱乐和审美的要求。但是，回望古今园林铺装的变化，它们都在分割和变化空间、引导和强化视觉、创造特有意境等方面发挥了巨大的作用，影响系统的整体运作[2]。

　　中国古典园林中的铺装形式丰富多样，石材在园林铺装的主要内涵体现在色彩、材质、寓意这三个方面。中国的古典园林铺装主要特性是由黑白灰构成的中性色，而当代园林铺装整体色彩格调具有鲜明的特征，暖、冷、明、暗，热烈与沉静，强烈与暗淡构成绚烂的色彩，但园林铺装整体色彩应用稳重而不沉闷，鲜明而不艳俗，统一中包含变化，色彩的搭配要与园林的整体氛围相适应，最后通过冷暖对比、铺装节奏的快慢协调统一。石材色彩多样的变化主要由石材丰富的色彩肌理产生，例如，花岗岩是园林铺装中运用最多的石材，颜色种类多，点斑，色纯，花纹变化小是其在色彩上的显要特点，中国就有山西黑、玄武黑、泰山红、岑溪红、大红梅、中国红、黑金刚等等各色各样的品种，极大地丰富了园林铺装色彩的选择。而在小面积地面铺装和汀步常用板岩，颜色多种，给人古朴自然之感。因此，色彩是园林铺装的血肉，它支撑起了园林中的视觉环境，打破了原本中国古典园林的沉闷感。

质感是中国古典园林铺装的表达方式。石材给人力量与希望之感，它有着一种独特的天然性和历史感。"古令人古"，石材自然的纹理，粗犷的风格，或由荔枝面、斧剁面、火烧面等石材工艺类型营造出的糙面展现出材料最本质的属性，通过粗糙和光滑的对比有着强烈的景观表达力。如古诗所言的"路径寻常，阶除脱俗"，寻常园林小径通过铺砌也可变得清新脱俗。材质是园林铺装的表皮，它赋予了园林灵气，营造了良好的视觉环境。寓意是中国古典园林铺装的内在表现，它是古典园林独特魅力所在。

寓意体现的内容和形式多种多样，可以从形式上分为具象图形、抽象图形和几何图形。具象图形通常是图案化的动植物图形，如佛教图案常运用于古典园林铺装之中，吉祥节是具象图形的代表，是人民美好向往的集中体现，是人们对吉祥、平安美好的向往的象征。典型的具象图形还有"蝠"在铺装中的运用，因为与"福"谐音，所以广受人们喜爱。冰裂纹是最常见的抽象图形，给人以清净爽朗之感，特别在许多铺地中间还夹杂着梅花，梅花是植物中高雅的代表，象征了古代文人高尚的情操。几何图形则随处可见，可以说所有的古典园林铺地都离不开它，小到单个的几何形，

中国个园景观 / Landscape of Ge Garden

光影的质感 / Texture of light and shodow

大到更种几何的组合，它凭借着一种特殊的节奏与韵律符合人们的审美情趣。寓意是园林铺装的骨架，它是支撑起了园林铺装的存在，赋予了石材新的生命力，是园林性格的文化符号[3]。

　　对园林铺装而言，当今时代科学技术日新月异，各种运用在园林铺装的新式材料和技术也不断涌现。我们从中可以收获些许新的启示，作为最基本的园林元素体现，除了想到要利用新式的环保人造石材节约资源、保护环境之外，还要根据当地的人文环境和地理位置来体现当地的特色地域文化。石材在园林景观铺装中具备不可代替的位置，合理的运用石的元素，让其充分发挥石材所蕴含的装饰性和功能性，特别是随着现在施工技术和人造石材的不断演替，如何恰当地利用石材是我们探索的方向。要做出符合当代风格的园林铺装，需要设计师与时俱进，继承和发展古典园林铺装文化，与现代的新型材料和施工技术相融合，并且注重生态性，才有可能创造出真正具有中国古典园林韵味的现代园林铺装。

参考文献

[1] 庞希玲. 浅析古典园林铺装对当代铺装的启示 [J]. 居舍，2018（22）:140.

[2] 邱邀萍，韩舟婧. 中国古典园林铺装特征解析与应用研究 [J]. 美术教育研究，2019（14）:62-63.

[3] 左沭涟. 苏州古典园林装饰性铺地研究 [D]. 苏州：苏州大学，2007.

4 中西交流

Cultural Exchange

任何一个文化的轮廓，在不同的人的眼里
看来都可能是一幅不同的图景。

——雅各布·布克哈特

自从 18 世纪的欧洲爆发工业革命以来，人类社会从手工业时代进入了工业文明；一系列的发明创造，推动了社会的发展，同时，工业革命也带来了技术、社会和文化各个方面的巨大发展。艺术作为文化的重要组成部分，也在 19 世纪末、20 世纪初产生了一场深刻的变革——"现代运动"（Modern Movement），这一运动涉及绘画、雕塑、建筑等各个领域。同时期景观设计的变革虽然步履缓慢，但依然受到哲学发展下设计思潮的影响。

　　景观设计在中西方都有悠久的发展历史，也都曾创造了灿烂的园林文化。英国的自然式风景园林、中国的古典园林都是景观设计的优秀例证。西方的现代景观的产生，要追溯到传统的西方园林。现代景观的概念起源于 20 世纪初的美国，它继承了传统的景观设计、园林植物配置设计，并从其肇始之初就同城市建设紧密结合，逐渐发展成为包括风景规划、植物设计、城市设计、环境艺术设计等多学科综合的设计体系。特别是在第二次世界大战以后，城市的大发展导致了自然破坏、环境污染等一系列社会问题，同时人文主义的回归以及公众的环境意识的增强使得现有的景观设计更加深入到城市生活的各个方面。

　　西方设计思潮大体经历了现代主义，后现代主义和正在讨论的新现代主义的过程，其中还包括风格派、结构主义等各种流派，呈现出纷纭复杂的现象。其所表现的新的设计思想和设计语言，同样也表达了在现代社会人们新的生活方式和审美标准。追溯到 1969 年，伊恩·麦克哈格（Ian L. McHarg）发表的"设计遵从自然"的理论作为标志，在一定程度上影响了这一时期设计理论知识的发展。同时，麦克哈格的这一理论超越了结构主义景观大师丹·凯利（Dan kiley）的"设计是生活"的理念，将景观设计学提升到处理人与自然的关系上来，也使景观设计在应对人类与自然的危机中发挥了更大的优势。

天国乐园——欧洲皇家园林

/ 丁山　陈晓蕾　王锐涵 /

伦敦摄政公园中的玛丽皇后花园 /
Queen Mary's Garden in Regent's Park, London

　　西方的造园起源于古西亚的波斯，即古波斯所称的"天国乐园"。它是人类对天国仙境的向往与企盼，而其发展则来源于人性中所固有的对美的追求与探索。欧洲的造园艺术有三个重要的时期：从16世纪中叶往后的100年，是意大利引领潮流；从17世纪到18世纪之间，法国成为佼佼者；而从18世纪中叶开始，英国逐渐崭露头角，成为新的风尚标。无论是法国的奢华与浪漫，还是意大利的热情与理想、英国的优雅与自然，都深深影响了整个欧洲的园林发展。而西方的国林艺术中最为世人所称道的是其气魄宏伟、瑰丽多姿的皇家园林。

　　历数欧洲的园林形式，从古埃及的几何式园林，阿拉伯的伊斯兰庭园，直到中世纪文化逐渐消亡，人们在社会动荡中寻求精神信仰，因此基督教成为了中世纪最主要的文明基础。此时的园林也逐渐分化成宗教寺院庭院和城堡庭院两种不同的类型。两种庭院开始都以实用性为主，随着时局趋于稳定和生产力的发展，园中的装饰性与娱乐性也日益增强。而园林的实用性则更多的是体现在皇家园林的建造中。15 世纪初叶，意大利文艺复兴运动兴起。欧洲园林逐步从几何形向巴洛克艺术曲线形转变。文艺复兴后期，甚至出现了追求主观、新奇、梦幻般的"手法主义"的表现。中世纪结束后，在罗马帝国的本土意大利，仍然有许多古罗马遗迹存在，时刻唤起人们对罗马帝国辉煌往昔的记忆。古典主义成为了文艺复兴园林艺术的源泉。文艺复兴时期人们向往罗马人的生活方式，所以富豪权贵纷纷在风景秀丽的地区建立自己的别墅庄园。由于这些庄园一般都建在丘陵或山坡上，为便于活动，就采用了连续的台面布局。台地园的平面一般都是严谨对称的，建筑常位于中轴线上。有时也位于庭院的横轴上，或分设在中轴的两侧。在园林和建筑关系的处理上，意大利台地园开创了欧洲园林体系的先河——宅邸向室外延伸。它的中轴以山体为依托，贯穿数个台面，经历几个高差而形成跌水，完全摆脱了西亚式平淡的渭清细流的模式，开始显现出欧洲体系特有的宏伟壮阔气势。一些庄园不只拥有一条轴线，而是几条轴线垂直相交或平行排列，甚至还有些呈放射状排列，这些都是前所未有的新手法。

玛丽皇后花园，伦敦 / Queen Mary's Garden, London

尽管今天的罗马已不复往日的光辉，但无论是面对万神庙巨大的天窗，还是站在西班牙广场的巨石台阶上，映入眼帘的景象都能引起我们对罗马深深的敬意。在佛罗伦萨，所有的古迹似乎都留有先圣手触的温度和灵性，使人们对它充满景仰与膜拜；教堂建筑中高耸向上的飞扶壁和尖弯向我们展示着米兰的激情与奢华。冈伯拉伊别墅、朗特庄园、德宫密园等，这些意大利园林的经典之作都洋溢着神圣的人文主义情怀和对自然的热情，为欧洲的园林发展注入了无限力量。法国古典主义造园艺术在世界园林体系中独树一帜，影响深远。文艺复兴运动使法国造园艺术发生了巨大的变化。16世纪中叶，受中央集权的影响，园林艺术也发生了新的变化。园林的布局以规则对称为主，这一切主要是受到意大利造园的影响，其中阿内府邸花园、凡尔耐伊府邸花园较为出名。17世纪下半叶，法国的古典主义造园艺术得到极大的发展，最有代表性的是勒诺特尔为法国国王路易十四设计的凡尔赛花园，成为古典主义的代表。凡尔赛花园的总体布局是为了体现至高无上的皇权，以府邸的轴线为构图中心，沿府邸——花园——林园逐步展开，形成一个统一的整体。同时，以林园作为花园的延续和背景，可谓构思精巧。而园林布局则强调有序严谨，规模宏大，轴线深远，从而形成了一种宽阔的外向园林，反映了其雅致的审美情趣。在16世纪后半叶以后的一个世纪，法国的造园既受到了意大利的影响，又经历了不断发展的过程，直到17世纪后半叶，单纯模仿意大利造园形式的时期结束，勒诺特尔造园形式开始，并成为在欧洲影响深远的一种形式，法国的造园艺术也得到了极大的发展。

英国的皇家园林在16世纪亨利三世时期，十分注重一切浮夸炫耀的室外标志，如汤姆斯·沃尔西的汉普顿宫。伊丽莎白一世时期则是奢华风格的鼎盛期。斯塔德利皇家公园和喷泉修道院是英国保存下来的最古老的西多会古建筑之一，是迄今为止为数不多的保持原有建筑风格的英国皇家园林之一，它包括各种各样的人造湖、雕塑、寺庙、塔、新哥特式风格的宫殿等建筑。斯塔德利皇家公园中还有喷泉修道院及圣玛利亚教堂。该建筑特点对随后建筑的风格式样起了一定的示范作用，同时该遗址本身也是英国18世纪园林建筑中的精品。

18世纪时受自然主义的影响，自然风景园林开始在英国盛行。没有过多人工雕琢的痕迹，自然式园林重视自然元素的应用和植物的配植，邱园就是其中最具代表性的皇家植物园之一，栽培了约 4500 种草本植物。邱园中有许多植物温室，最著名的有高山植物温室、植物进化馆、睡莲温室、威尔士王妃温室等。除了温室，邱园内还遗存有大量古代的建筑小品，大多出自 William Chambers 之手。例如 1759 年仿制的遗迹——损毁的拱门（the Ruined Arch），1760 年建造、以罗马战神命名贝娄娜圣堂（the Temple of Bellona）等等。其中宝塔（Pagoda）由 William Chambers 设计，高 50 多米，共十层，八角形的结构，是 1761 年为 Augusta 王妃所建，也是设计师对中国建筑的致敬。

从罗马到巴黎，从佛罗伦萨到伦教，从意大利的台地园再到法国的凡尔赛宫，欧洲皇家园林充分显示出人类征服自然的成就与豪情壮志。到处都可见到这些闪现着皇家灿烂光辉的园林，巴洛克与洛可可艺术在其中得到了尽情的展现，是人类永恒的艺术瑰宝。

自然风景园林——圣詹姆斯公园，伦敦 / St James's Park, London

参考文献

[1] 周武忠 . 寻求伊自园：中西古典园林艺术对比（中）[M]. 南京：东南大学出版社，2002.

[2] 庄格光 . 风格与流派 [M]. 北京：中国建筑工业出版社，1992.

[3] 王晓俊 . 风景园林设计 [M]. 南京：江苏科学出版社，2000.

[4] 王受之 . 世界现代设计史 [M]. 北京：中国青年出版社，2004.

城市景观中的新古典主义

/ 丁山　陈晓蕾 /

大英博物馆，伦敦 / The British Museum, London

　　正处于经济全球化和信息时代的中国，处处面临着发展的抉择，中国现代城市景观设计也不例外。在中西方文化的交融和碰撞中，西方的艺术流派和传统的东方造园艺术一样，都在以不同的方式或多或少地影响着现代城市景观设计。这种环境与新古典主义萌芽的背景非常类似，因此对于中国现代城市景观设计有着极大的影响和实际借鉴意义。

　　新古典主义（Neoclassicism）是相对于 17 世纪的古典主义而言的，因为这场新古典主义运动与法国大革命密切相关，故也有人称之为"革命的古典主义"。这是一场兴起于 18 世纪的罗马并迅速在欧美地区扩展的艺术运动。17 世纪 50 年代，法国、德国及英国几乎同时展开反对巴洛克、洛可可的艺术运动，反感其表现出的享乐与放纵思想。其动机虽然多样而复杂，但扮演关键角色的却是启蒙运动。新古典主义的出现，一方面是对巴洛克和洛可可艺术的重新审视，另一方面则希望通过新古典主义运动来重振古希腊、古罗马的艺术信仰。

古代的欧洲有着丰富的文化艺术底蕴。新古典主义此时以迎合时代的眼光，不但保留了艺术作品中材质、色彩等表现方式的大致基调，还运用了丰富的历史文化底蕴来渲染其作品。同时，新古典主义摒弃了巴洛克和洛可可时期过于复杂的纹饰和肌理，对线条做了简洁化的处理。在主题表现上，与历史线索和重大题材紧密相连；在艺术形式上，强调理性而非感性的表现；在构图上强调完整性；在造型上重视素描和轮廓，注重雕塑般的人物形象。如法国新古典主义代表人物从维安、雅克到安格尔，都在新古典主义的探索道路上取得了突出成就，达到了另一个高峰。这一时期的法国美术已经不是古希腊和罗马美术的再现，也并非 17 世纪法国古典主义的重复，它是一场革命，一波适应资产阶级革命形势需要而开辟的借古论今的潮流[3]。

当今中国正处于不断发展和建设的时期，中西方文化的交流与冲击不断为中国的景观设计带来新的养分，注入新的活力和灵感。然而，许多中国现代的城市景观设计良莠不齐，外化现象直白盲目。人们往往对西方古代艺术或近现代艺术潮流盲目崇拜和宣扬，没有消化吸收，就以拿来主义生搬硬套。这不仅造成了国内现代景观在形式上的重复建设和千篇一律，还因为不了解艺术形式的根源和针对性，使原本应该"以人为本"的景观设计变了味，造成了设计上的浪费和失败。

西方艺术风格的引入对中国有着深刻的影响。西方艺术潮流席卷了生活的方方面面，使人们耳目一新，进而开始了对景观设计元素的大肆模仿。中式古典园林中效法自然的设计理念受到冲击，取而代之的是众多的人工痕迹颇重的设施与大尺度景观的建造，对西方各个时期造园风格的模仿在各地的城市景观设计中不断出现。在新古典主义风格中则表现为对西方景观元素、手法以及元素的全盘借鉴和模仿，原本在新古典主义中用于表现西方文化和唤醒人们对于古代艺术崇拜的艺术形式，被广泛地运用于中国的广场雕塑、景观小品甚至植物造型等要素中。这种对新古典主义风格的全盘拿来主义是一种盲目模仿，但同时也是中国城市景观设计中文化建设的缺失。

在西方漫长的古代艺术史中，宗教占据了社会整体的核心地位，是这个社会的基本凝聚力[4]。宗教文化在西方世界中影响深远，如传统艺术家把为人塑像作为神造像的神圣事业来进行。这一点在新古典主义中也有所表现——在足够强调理性和造型轮廓的前提下，注重对整体性的表达，这与我们现代城市景观设计的观念是相符的。因此作为面向大众的城市景观，我们需要从整体着眼，理性地去发掘景观文化内涵。

首先是"形散神聚"。新古典主义在注重美观装饰效果的同时，运用的是现代的表现方法和材质来还原古典的气质，所以在一定程度上具备了古典与现代的双重审美效果。其次是塑造时代的风格。新古典主义不是单纯在风格上仿古，而是在对历史线索

特拉法加广场周边的建筑，伦敦 /
Buildings around Trafalgar Square, London

新古典主义建筑 / Neoclassical architecture

的追溯上追求神似，并且努力迎合时代需求。然后是强调用简洁的手法和加工技术。新古典主义从古代艺术中挖掘值得借鉴的特征，但用现代的手法和技术进行表达。最后是明亮色彩的运用。白色、金色、黄色、暗红色是欧式风格中常见的主色调，以明亮为主，点燃人们对生活的热情，渲染人们对艺术的热爱。

自联合国伊斯坦布尔"人居环境系列之二"会议召开以后，城市景观设计可持续发展的意义已经超越了资源与环境，历史文化的渗透成为了人居环境的不可分割的重要方面。我们现在提倡的"新古典主义"，需要从中汲取有益的部分。新古典主义认为艺术必须从理性出发，尤其是在社会利益与个人利益相冲突的时候，要克制个人的主观感情，服从理智和法律，倡导"牺牲自我"的美德。也许不仅在艺术表达上是如此，在具体的景观设计中也应该更加理性。对古希腊理想美的崇尚、追求典雅庄重的古典艺术形式、借用古代艺术题材和手法表现现实等都是新古典主义给予我们的极大借鉴和参考意义。很多具有中国特色的新古典主义的作品展现，如万科第五园的设计建造，贝聿铭先生主持设计的苏州博物馆等等，有益的探索和尝试在不断刷新着我们城市景观的风貌。

新古典主义有其存在的合理性和积极意义。它是我国在建设大潮中半自发性引人的思潮，它的实质并不是复古，而是在崇拜和学习历史的氛围中用现代的语言去诠释过往。因此，对于不同的文化，我们应该萃取和融合，而不是盲目模仿、摒弃传统。新古典主义艺术思潮若能被更好地引导和利用，对建立和谐美好的中国现代城市景观环境大有裨益。

参考文献

[1] 华章.欧洲文明的起源希腊艺术 [M].北京：中国电影出版社，2005.

[2] 温克尔曼.希腊艺术模仿论 [M].中国台北：典藏艺术家庭股份有限公司，2006.

[3] 于文杰.欧洲近代学术思想的心灵之旅 [M].北京：商务印书馆，2006:47-48.

[4] 雅克·得比奇，让·弗兰索瓦·法佛而·特立奇·各路那瓦尔德，安东尼奥·菲利普·皮忙戴尔.西方艺术史 [M]，徐庆平，译.海口：海南出版社，2000.

[5] 中华人民共和国住房和城乡建设部计划财务与外事司.人居事业进步与展望 [M].北京：中国建筑工业出版社，2002.

哥特式教堂的光影邂逅

/ 陈晓蕾　王锐涵 /

哥特式（DeiGotthi）教堂是欧洲中世纪的杰出文化成就，其高耸飞升的尖顶、怪诞和夸张的肋拱、斑斓绚烂的花窗以及精雕细镂的雕塑，都散发出的亘古神秘的瑰丽气质。哥特式教堂被轻灵的垂直线贯穿，无论是墙体还是塔尖，都以接连不断的细密玲珑之态直刺苍穹，以高、直、尖、瘦等具有强烈向上动势的造型风格来体现基督教弃绝尘寰的宗教思想。拔升的哥德式教堂内部，束柱（beam-column）层层向上延伸，将人们的视线带到穹顶，象征基督教徒脱离尘世升往天国的希望。

不过，真正将这种愿望转化成意念中的现实，使空间充满灵动生机的却是透过玻璃窗洒进空间的光线。如果说是尖拱（point arch）、肋筋（vault rib）和飞扶壁（flying buttress）带给哥特建筑构成空间的骨肉，那么玫瑰窗（Rose Window）则是其升华精神的灵魂。中世纪空旷升腾的哥特教堂仅仅依靠摇曳的灯光并不足以展现其空间广度和浓烈的宗教氛围，由玫瑰窗所引入的天光光影才是决定性的因素。光线是最终的装饰。

哥特式教堂是光的作品，光线消除了封闭建筑空间的沉闷，带来了丰富的变化，终使教堂永不重复地演绎出凝固在空间中的诗篇。德国诗人海涅这样描绘他对于哥特教堂的感受："我们在教堂里感到精神逐渐飞升……五颜六色的窗户把血滴和浓汁似的红红绿绿的光线投到我们身上；我们身边呜呜地唱着丧歌；我们脚下满是墓碑和尸骸，精神沿着高耸笔立的巨柱凌空而起，痛苦地和肉身分裂，肉身则像一袭长袍扑落地上。从外面来看，这些哥特式的教堂，这些宏伟无比的建筑物，造得那样的空灵、优美、精致、透明……"丹纳亦在《艺术哲学》中描述："教堂内部罩着一片冰冷惨淡的阴影，只有从彩色玻璃中透入的光线变作血红的颜色，变作紫英石与黄玉的华彩，成为一团珠光宝气的神秘的火焰，奇异的照明，好像开向天国的窗户……"

玫瑰窗较早出现在法国拉昂（Laon Cathedral）主教堂（1180—1190）的横厅和主立面上。至14世纪，玫瑰窗不但是哥特式教堂主要的采光构件，更成为聚集教堂最美丽的主题和最丰富象征的部分。巴黎圣母院（Cathedral of Notre-Dame Paris）、亚眠大教堂（Cathedral of Notre-Dam Amiens）、沙特尔（Chartres Cathedral）主教堂都拥有非常经典和杰出的玫瑰窗。其中沙特尔主教堂的玫瑰花窗，直径达到12.8m，是当时法国国王路易九世的母亲布兰奇（Blanche）捐造的。玫瑰窗的正中间是圣母子像，在这个中心周围，连续五层的同心圆结构不断重复数字"12"，菱花子

纽卡斯尔大教堂的玻璃花窗，英国 / Stained glass in Newcastle Cathedral, UK

纽卡斯尔大教堂玻璃花窗中描绘的圣经故事，英国 / Stained glass in Newcastle Cathedral, UK

形的 12 个小窗中是代表圣灵的 4 只白鸽和 8 个天使，方格中是 12 个以色列国王，最外层半圆中是 12 个先知。沙特尔教堂彩色玻璃窗上描绘了 166 个圣经故事。伫立在巨大的彩色花窗下就如同完全沉浸于圣经之中。从结构上看，玫瑰窗系统有两种主要形式：一是位于主入口的巨大的圆形窗户，从教堂外侧看它有着精美的玫瑰花石雕立面，它的圆形象征着天国，钻石形的花瓣代表恒久的玫瑰，而玫瑰则象征着天国中极乐的灵魂；二是在教堂侧部横厅、歌坛等两翼的条状长窗，其一般是由最上部的圆形玫瑰窗和紧接在其下的叶状窗组成，叶子通常代表一切需要拯救的灵魂。在石雕结构后是镶嵌的彩色玻璃画，其主要的题材是圣经教义。阳光透过巨大的窗子射进了空透的具有升腾感的建筑空间，这象征着"神启"进入信徒的心灵，《约翰福音》中说："有一个人，是从神那里来的，名叫约翰……那是真光，照亮一切生在世上的人。"虽然在基督教教义中很早就表述过光的重要作用，但是由于建筑技术的限制，解决早期巴西里卡式和拜占庭式教堂顶的平衡问题没有可靠的方法。拱顶沉重，因此支撑其的墙垣也很厚重，

描绘圣经故事后花窗，英国 / Stained glass window in the church, UK

造成窗子小，无法有效利用光线。建筑内部空间狭小封闭，并且昏暗。随着建筑技术的日益成熟，中世纪的哥特式教堂的立面能够使用更多更大的彩色玻璃窗。光线从巨大的半透明的彩色玻璃窗上透射进来，映射出辉煌灿烂的墙壁，光和影的交叠，若隐若现的表达，晴日里显得熠熠生辉，阴天则忧郁沉静。在这世界里，光比平常更灿烂，映射出了不可思议的神奇。11世纪时，彩色玻璃窗以蓝色为主调，后来逐渐转变为以深红色为主，再转变为以紫色为主，然后又转变为更富丽而明亮的色调。在基督教教义中蓝色代表天国的颜色，是信念、真实、贞洁的象征；而红色是神圣的色彩，象征上帝之爱、基督的鲜血和献身，红色和蓝色交融的紫色自罗马时期开始就代表着高贵神秘，是王室、教皇的色彩，更是上帝圣服的颜色；金黄色象征上帝和主权者。到12世纪，玻璃的颜色更发展到21种之多。玻璃镶嵌画不同于绘画、雕塑的艺术效果，它在光线的直接渲染下，让人们有了更为直观的感受。教堂内部色彩斑斓，这正是上帝居所的景象，也是天堂和新耶路撒冷的幻象。闪烁着瑰丽色彩的光辉，可以使信徒更快地砥砺和净化灵魂，加深对神的理解，体验上帝救赎的神秘力量。光线象征着温暖、生命，因此由光线投射出的影像毫不生硬，而是饱含自然力量的叙述和赞美。这种强烈浪漫的天国异想是中世纪人们宗教生活的终极目标，在这些美丽幻觉的照耀下，人们感到天国并非遥不可及。中世纪的教会通过这种由光影所带来的图像更自然、直观地向更广大的受众传播教义，市民们在接受神谕的同时，亦会沉醉在五光十色的浪漫奢华环境之中，感受世俗生活的影响。再者，城市自由化和国王贵族政治权利的渗透，也是瑰丽华美的光线装饰出现的重要原因。

哥特式教堂是中世纪基督教文化的典型代表，它一方面典型地反映了基督教崇高典雅的圣洁理想；另一方面又表达着世俗社会躁动不安的痛苦现实。如果说它那纤巧高耸怪诞的外表体现的是世俗社会的躁动不安，那么它华美的玫瑰窗则是圣洁理想的最好表达。哥特式教堂主要由玫瑰窗所产生的，光装饰艺术的出现并不是偶然的，它产生于12、13、14世纪西欧基督教发展的巅峰时期，同时伴随着封建王权、封建经济不断地发展。在沉重的宗教负罪感的压迫下，人们渴求一种崇高的生活理想，然而受到禁锢的世俗生活无法满足这一需求。通过生产力的发展使宗教建筑技术进步和审美变化，实现人们的美好愿景，也许是最合理的方法。

人性化和艺术性的融合

/ 邬嘉颖　王锐涵 /

　　在美国城市中存在这样的现象，根据阶层和收入的不同，人们选择居住相应的社区，通常富人和穷人分别聚集在各自的生活领域里，相互之间是几乎没有交集的。因此，我们可以看到，在富人居住的社区或繁华的街区，包括绿地景观在内的景观营造或是绿化的后期维护和管理方面都显得更加精致且富有情趣。根据美国人口普查局发表的国内家庭消费支出调查报告显示，2005 年衡量收入分配平均程度的指标——基尼系数达到 0.469，创下了 40 年来的新高。这份报告就像一面镜子，集中反映了美国的贫富悬殊状况 [1]。这些正说明在现实生活中，贫富差距甚至还体现在城市的各个方面，并且这种现象有着深刻的社会根源。景观正是这一社会现象的现实反映。总体上说，美国城市的绿地景观能够凸现自然的地位，而表现形式自由而丰富，把自然式的绿地景观引入到建筑中与建筑相互渗透，造就城

城市公共绿地 / Urban public green area

市大环境景观空间统一的美感。城市的公共型绿地景观空间和个体的居住绿地景观空间都能够很完整地表达美国景观设计中这一固有的观念，建筑中有阳光、泉水、高大的树林、灌木花卉，人们轻松地在室内就享受着大自然赐予的礼物。绿地景观中，他们充分把自然的概念融入景观之中，高大的喷泉、潺潺的小溪流、参差的树木、花草满布、雨水或而流淌汇入仿佛河流的小溪，老人闻着清新的空气，低语交谈；阳光或而从玻璃天棚中泻下，透过斑驳的树叶落在木椅子上，儿童在嬉戏，池中的水鸟，草坪上的松鼠……这一幕幕丰富多彩变化万千的场景就是美国景

摄政公园 / The Regent's Park

观的真实写照。

所有这些景观使我们发现了一种现象，唤回我们对美和艺术的向往和感知，并折射在景观这一功能和艺术的综合体上。景观是反映了人类对自然的依赖，并重新唤起人与自然的天然的情感联系，在生态和文化、艺术与设计之间架起了一座桥梁。同时它也提醒着人类，我们是被设计出来适应和生活在城市中。我们从园林中悄然而过，言语在这里显得是那么多余，其中的每一件东西都拥有毋庸置疑的独特性，光线轻松而迷人。色彩则不受任何限制地表达着作者的各种情感与精神。在美国景观设计仅有的一百年历史中，它从无到有，伴随美国城市的发展而日趋成熟，为美国城市环境做出了巨大贡献。可以说，美国的景观设计是与美国近代后工业文明相伴随而发展的产物。伴随着社会的发展、意识的进步以及技术的飞跃，城市景观设计也在不断地调整，人们逐渐认识到一些不成熟的思考，正如19世纪在美国进行的"城市美化运动"，主要是对城市实体环境进行大规模的改造，它的最终目的是在通过创造一种城市物质空间的形象或社会秩序，

圣詹姆斯公园 / St James's Park

恢复城市由于工业化而失去的视觉和生活和谐，但是在一定程度上缺乏了人与自然和谐的、可持续发展的整体思维。在随后到来的景观革命中，设计者和决策者逐渐意识到了这一点，重新对城市的景观进行定位和思考。因此城市景观设计能够从最初的不成熟逐渐走向成熟，从局部的环境调整走向整体环境的改造[2]。在近年欧美的景观设计中，我们可以看到他们有趋于小巧、精致的发展态势，原因之一是由于土地有限的客观现状，原因之二是源于欧美国家近年来对"人性化与艺术性相结合"的追求[3]。美国作为世界景观设计的典型，在人性化设计的处理方面和艺术性景观的表现上，以及在两者结合以后营造出的更为自然舒适的环境中，往往能够在不经意之间触动人的心灵。

反观刚刚起步的中国的城市景观，虽然仍在很大程度上局限在风景区规划、园林设计等较为单一的设计领域，但是经济的繁荣和社会的进步，使人们对环境的意识得以提高，也使景观这一新兴行业获得了前所未有的发展。与此同时，绿地景观的概念和形式也在发生重大的变化。在今天，我们对景观的考虑已经不仅仅局限在传统的内容上，而是表达一种人们对自然的向往和对绿色的呼唤之情。人们对生存空间和生态环境的追求，以及对大地的体察，让我们重新思考和定义景观的范畴。虽然也有一些城市在规划建设中存在着种种误区，如一味追求大型的市民广场或美化的景观大道，盲目模仿欧美景观风格导致城市整体风格不统一，改变加固河道破坏原有的乡土生态环境等等，这些现象都表明我们对城市景观现状和未来的发展方向仍然不明确。但是总体上来说，我们仍是把以人为本、可持续发展的观念作为一种应用方法来处理城市的环境、人类的健康和社会的发展之间的三角关系，这已经成为当代中国城市景观设计研究的重心内容，相信在不远的将来，中国的城市景观会更加和谐和自然。

我们生活的方方面面因为科技的影响正日新月异，数字技术大行其道。在景观具体的建造过程中，景观照明、雾化森林等技术正在逐渐成为庭园和景观设计不可或缺的部分。对比当前美国景观设计的实践活动，可以给予我们的风景园林专业一些启示。从自然资源、能源的保护与开发到局部地区人与自然的协调都纳入景观设计的设计范围，它不仅是从宏观到微观上关注人类和自然的关系，更在实际行动上调整和创建人与自然和谐的环境；从功能和美学的高度概括景观设计的实际意义，在城市中创建具有可持续发展观的自然景观环境，同时使包括个人在内的城市居民提高对景观的认知和对景观审美的感知。

同美国和加拿大等国家的城市景观相比，我国的景观是个既古老又年轻的专业。古老使我们有悠久的历史文化可以继承，年轻则给予我们更多的精力、更加广阔的发展空间，所以有更多的专业知识需要我们去掌握。在注重发展生态型城市的今天，着眼于全面系统地规划，在生态文明的指导下，景观设计同城市建设相结合具有更加重要的意义。应该说，当今美国的城市绿地景观已经"不再把规则与不规则分开、几何形同自然形态分开、建筑与自然分开、整体与局部分开"[4]，从而产生了新的绿地景观的审美倾向。随着经济的发展，我国近年在城市环境的景观建设领域已经取得了长足的进步，但对比美国的景观设计的发展道路，我们在这个领域或许应该有着更加深入的思考。

参考文献

[1] 伊丽莎白·巴洛·罗杰斯. 世界景观设计：文化与建筑的历史 [M]. 韩炳越，曹娟，等，译. 北京：中国林业出版社，2005.

[2] F·吉伯德. 市政设计 [M]. 程里尧，译. 北京：中国建筑工业出版社，1983.

[3] 郑杉杉. 景观安全四个设计方向 [N]. 北京青年报，2007-5-31.

[4] Brush, R.O. Nature in Cities: the natural environment in the design and development of urban green space[J]. Urban Ecology,1980，4（4）:339-340.

英国"如画式"园林的发展对我国乡村景观设计的启示

/ 曾冰倩　王锐涵　丁山 /

从 18 世纪开始，英国自然风景园发展起来，它的出现改变了英国的造园方式，使英国园林从此走上了一条全新的道路。在现代中国城市中，人们的生活压力不断增加，大家都向往一种回归自然，慢生活的状态，这就促进了当今旅游业的发展。乡村正因为有着得天独厚的地理优势，所以乡村旅游成为了很多上班族放松心情、亲近自然的聚集地。

在中国，乡村景观是很多人眼中自然野趣的风景，它应该是具有大地

英国自然风景园 / English natural garden

般广阔的景观，同时也是具有年代美的如画景观，和英国崇尚设计走向诗和画的自然造园艺术不谋而合，因此我们可以学习他们的经验来完善我国乡村景观的设计问题。

　　英国自然风景园的发展可以先从欧洲风景绘画说起，普桑和洛兰在欧洲风景绘画中占据了很重要的地位，其中法国画家克洛德·洛兰的作品在17世纪的英国很受欢迎，英国很多造园家纷纷开始以他的作品为园林设计的蓝本。这些作品一般是以罗马郊区乡村风光及古代废墟为题材，像残败的废墟建筑、老旧的雕塑、沧桑的古树等[1]。洛兰和普桑风景画构图前景一般比较平坦、视野开阔；中景则总是带有地域特色的小房子、小桥、山峦；远处山峰若隐若现，创造了诗情画意的空间感。像洛兰作品《有舞者的春天》，前景就描绘了一群农人在草坪上载歌载舞的场景，并且以牛羊做点缀，使画面更加生气自然；中间除了一些罗马旧建筑，还有一直延伸到天际的平静湖泊，整个画面壮丽辽阔。假设在乡村景观设计中以一望无际的稻田为前景，中景以茅草屋做点缀，远山为背景，定会给人心旷神怡之感。再或者村前河水潺潺流过，水车、凉亭在中间做点缀，村后青山环抱，身处其中，岂不美哉？

洛兰、普桑风景画（从左至右依次为洛兰、普桑）/
Landscape painting by lorraine、poussin

松阳县古村落 /Songyang county ancient villages

　　坎特是英国最早在造园实践中运用绘画艺术的造园师之一，他比较倡导以风景画为原型去布置和设计园林。当时坎特借鉴洛兰和普桑的风景画去创造园林，在坎特的领导下如画式园林遍布英国的各个角落。因此在我国乡村景观建设过程中也可以融入中国传统山水画意境，造就诗情画意之感。浙江富阳的东梓关村，白墙黑瓦，错落有致，独具风韵。这片杭派民居让我们想到了画家吴冠中老先生笔下旧时的江南，画中的江南民居式样，在设计师的借鉴下变为现实。

　　在英国的城市、乡村中，为了让自然生态景观和文化生态景观能得以很好的保护，他们把那些具有历史性的废墟景观作为独特的符号去装点修饰，为这些地方增添不少时空意义和怀旧美感。再放眼全国，由于气候环境，地理位置等不同，各区域当地的文化遗迹也各具特色，但在大多数乡村建设中，都没有走适合自身实际的发展建设模式，导致出现了千村一面的现象。所以我们在进行乡村规划设计时，应该关注这些破旧的、具有年代感的历史遗迹，将外形美观，适合造景的遗迹进行适当保留，创造独一无二的景观标识。像陕西澄城县乡村的拴马桩，早已经成为了该地方的特色景观标识；我国浙江省丽水市松阳县为发展乡村旅游，采取"古中带新，

英国古堡 /The British castles

"艺术介入"的改造手法，既不过分追求复古，也不崇尚过于现代的设计风格，建筑的外观并不张扬，尽量保留了原有建筑的材质和形制，最后呈现的画面效果是环境与自然很好地融合。

18世纪如画作为园林设计中最重要的美学评价标准，对英国园林的影响长达一个世纪。然而如画不仅仅是一个美学评价标准，它也是一种设计方法和手段。如画式园林的设计更多的是源于自然、模仿自然，是用艺术的眼光对自然进行改造，将自然艺术化[2]。通过对英国自然式园林的思考，更多的感触还是期望中国能从迷雾中走出一条属于自己的乡村景观之路，在乡村改造的过程中与时俱进，焕发新姿。

参考文献

[1] 陈志华. 外国造园艺术 [M]. 郑州：河南科学技术出版社，2000.

[2] 高雨婷. 英国自然风景园林"如画性"初探 [D]. 北京：北京林业大学，2015.

中西交流　Cultural Exchange

欧洲斯图加特中央公园群在城市中的角色扮演

/ 胡家澍　刘力维　丁山 /

　　斯图加特中央公园群官方称为王宫广场，欧洲中世纪巴登符腾堡公国的首府皇宫即在斯图加特市中心。东南侧为建于 1746—1807 年的新王宫，西北侧为古典主义风格的国王大厦。王宫广场毗邻该市另外两个受欢迎的广场：南面的卡尔广场和西南面的席勒广场。王宫广场每年举行大型户外活动，如露天音乐会和圣诞市场。

斯图加特中央公园 / Centre Park Stuttgart

1350 年，直接在"斯图加特城堡"（旧城堡）上修建的"计数花园"被首次提及。而到 16 世纪中叶，克里斯托弗公爵（Christoph Duke Christoph）在此修建了文艺复兴时期的游乐花园，该花园是通过对旧城堡进行翻修而创建的，一直保存到 18 世纪。从 1908 年开始，斯图加特主火车站进行了改建并在此过程中将中宫花园减少了 8hm²。1961 年，于德国联邦园艺博览会期间完全重建。

1977 年整个广场为国家园林展进行了全面翻修。2006 年为举办世界杯决赛整修了草坪和花坛。2006 年世界杯期间，广场设有 3 个巨大的屏幕，超过 40 000 名观众观看赛事直播。

王宫广场分为上、中、下三部分，上皇宫广场直至今日仍为对称、齐整的欧式古典主义园林，六百年来风格始终如一。古典主义元素在此地交融内化，如同园林博物馆一般伫立在市中心。

建立之初至今，上王宫广场都承担着容纳大型公共活动的功能。只是几百年间在此举办的公共活动有所不同。古代在此举办公国国王的巡礼、宗教集会等，而如今这里则更多地举办圣诞市场和啤酒节。

上王宫广场的标志性建筑是广场中央的威廉一世纪念柱，位于广场中心。由其辐射而出的步道呈现严谨的集合线条，和修建齐整的大面积草坪一起构成上宫广场数百年基本未变的格局。古典主义的广场风格和周遭环境融为一体，尤其是由国立美术馆、音乐学院、州立博物馆组成的古典主义建筑群。如此风格上的统一让老城核心区古色古香、历久而弥新。

中皇宫广场坐落在斯图加特国立音乐学院和中央火车站之间，是近期重新整修的开阔城市广场，由大片几何形状的景观水池、短草草坪和直行汀步组成。等待火车的乘客，课间放风的学生都可以在此休憩。空阔的地表并未和车流滚滚的主干道隔开，安静的同时又有少许街道上的人声。喧嚣与静谧在此达到完美的平衡。

上宫广场和中宫广场之间并无明显界限，全由国立美术馆等建筑完成自然分割。中宫广场兼具上、下宫广场的特点，是古典主义园林向现代城市公园的过渡[1]。

穿过古朴肃穆的上宫广场和线条简洁的中宫广场，就能通过天桥到达最后改建也是最为现代的下宫广场。下王宫广场又称斯图加特城堡花园，其总面积超过中、上王宫广场之和，有 600 年的建造历史，是一个连接斯图加特中央火车站和斯图加特下级城镇 Bad Cannstadt 的狭长地带。排布方向与铁轨平行。

与中王宫广场不同，设计年代最新的下王宫广场一改上、中部分的喧嚣敞亮氛围，带给游览者幽静、安恬的心理感受。尽管下王宫广场临近主铁道和主要公路，高大落叶乔木形成的隔断带让这里静谧平和。不同于前两者大量的正方形水池、直角步道等，下王宫广场全部为曲线设计，不存在任何直角硬拐弯。如此圆润、流畅、自然的交通流线甚至有一些中国古典园林流线设计的影子，和古典主义欧洲园林大相径庭。

斯图加特下王宫广场就是这一趋势的很好例证。不规则的流线型交通流线环绕自然水体。配置以密植草坪、低矮灌木、高大乔木组成的立体植被覆盖，整个公园一改古典主义园林呆板严肃的风貌。成为

周年纪念柱顶端 /
Tip of Anniversary Column

斯图加特上宫广场 /
Ober Scholssgarten Stuttgart

周年纪念柱底座 /
Base of Anniversary Column

现代大型城市居民休闲、娱乐、舒缓生活压力的良好去处。

下王宫广场多次被作为古典园林的现代化改造的典范。而斯图加特上、中、下王宫花园亦有时间上的延续关系。上王宫花园至今还是古色古香的欧洲古典主义园林[2]，而下王宫广场事实上已经是一座现代城市公共园林。公共元素的加入占据了由古到今的演变之主流。交通流线由严格的几何图形到自然的流线型，狭窄的空间走向开敞，越来越多的公共设施等都为更多市民的活动提供了宝贵空间。

由斯图加特中央公园的设计可以看出，当代园林都面临着相同的问题。即为了服务迅速增长而密度极高的人口。这样的服务可以以多种形呈现，包括服务更多人的视觉享受、提供新鲜空气甚至在重大灾害发生时提供避难场所等。

除了规模上的变化，城市公共园林还在形式上越来越丰富。不仅仅只有大理石雕塑和齐整短草坪。休憩小屋、景观汀步、亲水平台大量出现在水陆镶嵌的公园结构里[3]。追根溯源，丰富的形式是服务于越来越多样的

斯图加特中宫广场 /
Mitte Scholssgarten Stuttgart

斯图加特下宫广场 /
Unter Scholssgarten Stuttgart

城市需求。随着社会需求多样化，城市公共园林会继续在不同需求和限制间尝试平衡并最终达成妥协。这样的妥协体现在城市公共园林的各种细节，看似无心画出的交通流线事实上经过交通理论的严谨计算；优美简单的水潭符合城市生态对水系的需求。

斯图加特下王宫广场的设计，符合其服务于更大规模、更多样居民的要求。中央公园群与城市的关系如下。

一、对城市自然生态的净化、调整

斯图加特市的地理环境十分特殊，坐落在多山的丘陵地带，内卡河谷地。作为一个位于盆地中央的城市，又拥有奔驰、保时捷等大型汽车公司的很多重工业产区，极易出现雾霾污染和热岛效应的情况。在冬季和初春时节，斯图加特市常常会有少量雾霾。雾霾仅仅是少量，斯图加特中央公园群起到了至关重要的作用。

上宫广场和中宫广场由较为单一的草坪和低矮灌木，给市中心留出了宝贵的开敞空间，对空气循环有很好的促进作用。同时，下王宫广场高大乔木和低矮灌木[3]错落有致的组合能以极大效率净化空气污染，是斯图加特市的"城市之肺"。

两名学者 Michael Hebbert 和 Joachim Fallmann 在他们各自领衔的

下宫广场 / Unter Scholssgarten

斯图加特圣诞市场 / Christmas Market

**斯图加特博艺堂 / Kunstgebäude
Stuttgart Market**

《Towards a Liveable Urban Climate: Lessons from Stuttgart》和《Mitigation of urban heat stress-a modelling case study for the area of Stuttgart》不同研究中殊途同归，得出了相同结论：斯图加特中央园区组成的大规模植被景观显著缓解了此地极易出现的热岛效应，中央热岛因为公园的存在降温了 2℃左右。

二、在城市社会生态中扮演的角色

古罗马城市广场宗教、交易、娱乐的作用奠定了欧洲城市广场的基石。随着近现代社会的发展，上述基本需求有了新的表现形式。在日常的工作、生活中，毗邻市中心主干道的斯图加特王宫广场提供了良好的休憩场所，舒缓了现代社会生活的紧张节奏[4]。而在社会传统方面，新年烟花和圣诞市场都会在古朴规整的上王宫广场举办，带给整个城市市民满满的仪式感，让每个人的社会存在变得完整。

除此之外，城市的中央公园还起到提供紧急避难场地、拉动城市经济、吸引人才等长期缓慢见效的功能。改变观察和分析的维度，城市公园对社会生态的介入姿态有所不同。本着"为人而设计"的理念，城市公园演进的形式会一直变化，但其服务于社会生态的宗旨将长久存在。

参考文献

[1] ZIEGLER, NIKOLAI, et al. Lusthausruine im Stuttgarter Schlossgarten. Das Schicksal eines besonderen Denkmals. Denkmalpflege in Baden-Württemberg-Nachrichtenblatt der Landesdenkmalpflege 45.2（2016）：90-96.

[2] HEBBERT, MICHAEL, BRIAN WEBB. Towards a liveable urban climate: lessons from Stuttgart. Liveable cities: Urbanising world（2012）：132-150.

[3] BAUMUELLER, JUERGEN, ULRICH HOFFMANN, et al. Urban framework plan hillsides of stuttgart. 7th International Conference on Urban Climate. 2009.

[4] FALLMANN, JOACHIM, STEFAN EMEIS, et al. Mitigation of urban heat stress-a modelling case study for the area of Stuttgart. DIE ERDE-Journal of the Geographical Society of Berlin 144.3-4（2013）：202-216.

丹麦哥本哈根公共空间设计经验之借鉴

/ 庄佳　丁山 /

一、哥本哈根城市公共空间成功经验之谈

1. 车行城市向步行城市转变

　　第二次世界大战以后，世界各地的汽车交通量激增。城市街道被汽车挤满，广场被用作停车场。这种现象同样发生在哥本哈根。Ströget 街作为连接哥本哈根东西方向的主要通道，在 1962 年以前，这条长为 11m 的街道，其中一半被拥挤的交通堵塞，人们只能在两条狭窄的人行道上行走。1962 年当地政府提出将 Ströget 街改造为城市步行街计划。在这项改造计

自行车广泛使用 / Bicycles are widely used

划中，汽车被要求远离城市中心，以此对进入市中心汽车流量进行限制，保证创造一个更为舒适和安全的公共空间环境。这并不是一个一蹴而就的过程，相反，它是一个渐进的过程。在这个过程中，市民开始接受使用公共交通或自行车作为私家车出行的替代品。自行车使用的广泛推广，给城市发展带来很多好处，包括：城市拥堵缓解，中心噪声更小，城市污染更少。

2. 创造更具吸引力的外部空间

在整个改造计划中，设计者旨在创造出一个多元化的活动空间，满足市民在广场上逗留的需求。实践证明，当公共空间行人数量增加一倍时，他们在公共空间停留的时间会增加四倍。这意味着街上出现的人越多，社会互动就越多，有助于提高公共空间的吸引力和安全性。正如 Whyte 所言，如果物理环境稍有改善，能够大幅提高城市空间使用频率。扬·盖儿则指出，公共空间中建筑底层立面应该尽量避免出现以下问题：譬如单调的立面或是立面设计中缺乏细节考虑，让使用者无法看到有趣的东西，这种失败的设计往往无法吸引人们在公共空间停留更长时间。

另一方面，Ströget 街空间设计强调以人为本。在空间尺度方面，狭窄的街道，人与人之间很容易变得亲近，更有机会发生各种各样的活动。小尺度的建筑立面设计缩短了人与环境的距离，使街道更加有趣。此外，小尺度设计创造了一个垂直的立面结构，具有重要的视觉效果。总体来说，人们在市中心散步是舒适和愉快的。公共空间座位设施设计同样考虑人的需求。座位数量和人们在公共场所逗留的时间有直接的关系。扬·盖儿在《公共空间，公共生活》一书中指出，座位的供给是提高社会互动的关键因素之一。公共空间的座位布置可以提高人们坐下来交流的可能性，而不是匆忙地穿过街道或广场。人们在公共场所花费的时间越多，他们就有更多的机会见面和交谈。因此，街头生活变得多样化和充满活力，吸引更多的人参与其中。

Ströget 街的夜间空间环境具有安全性和友好性，夜间公共生活同样充满吸引力。与其他城市不同，街道在晚上并不是完全黑暗的，相反，商店的橱窗是亮着的。一方面，即便晚上商店关门，市民同样可以在街上散步，欣赏橱窗迷人的商品陈列展览。更为重要的是，照明环境为行人提供安全感，防止抢劫等犯罪行为，大大提高了公共空间安全性。

二、我国城市公共空间设计策略

1. 提高公共空间可达性与参与性

人们能否快速便捷地进入空间，是提高公共空间使用频率的首要条件。一旦人们进入这个场所，就有可能与相关地域空间发生关系，场所精神就可以被创造出来。考虑到可达性与参与性，高质量的城市公共空间必须确保与外部空间环境的良好连通性，人们可以方便地到达空间，并可以随时以相对方便的方式离开。

另一方面，公共空间设计需要更大程度地激发使用者的参与性，只有人与空间发生互动，人们才有可能在公共空间花费更多的时间。只有市民愿意在公共空间逗留，才有可能实现人与空间、人与人之间的交流与互

夜间街道 / Night street

公共空间 / Public space

动。公共空间设计必须结合参与者的目的和需求，对各种类型的空间进行细化和布局，以吸引他们不同的需求。譬如，在公共空间内，应当完善空间标识设计，提高人群参与的效率，引导人们清晰地到达目的地。

2. 营造公共空间的信任感

在这里，所谓的信任感是指空间营造有利于激发市民之间的各种社会行为和社会互动。在一个具有"信任感"的城市公共空间，市民可以通过各种社会互动，实现文化层面的交流，在社会中传播文化精神，构建和谐社会。因此，在公共空间设计中，注重环境，尤其是物质环境的舒适度，显得尤为重要。一个环境优美、设施便捷的户外空间，更容易吸引人们走出家门，花更多的时间与朋友在户外一起聊天、喝咖啡。城市中市民互动增多，丰富了城市公共生活，有利于创造一个多样化和生动的公共空间。此外，具有一定吸引力的公共空间也会对城市形象产生影响，从而间接影响城市总体发展情况。如果说一个城市是一个通信系统，那么公共空间就是提高城市可读、可知的有效手段。

3. 增强公共空间的文化性

城市公共空间的特征主要体现在其文化属性。在一个有吸引力的地方，人们能够花更多的时间驻足停留，随之而来，就有更多的机会与他人见面和交谈。城市公共空间作为城市的名片，理应担负起传播地域文化的责任，充分展现城市文化和地域特征。在公共空间设计中，针对存在于公共空间中具有历史价值、一定时代感或历史文化属性的建筑、景观、植被等应该加以保护和更新，充分挖掘其文化价值。

消费社会视域下的中国当代景观设计症候

/ 赵铖　丁山　吴曼 /

多元化的设计形态 / Diversified design forms

消费社会作为社会生产力高度发展的必然结果，首先出现在西方发达的资本主义国家。就经济学而言，由于商品的生产过剩导致消费成为拉动经济发展的主要途径，从而形成了一种过度消耗资源的社会发展模式[1]。哲学家让·鲍德里亚将消费社会定义为被符号操纵的社会。人们的消费目的不再是追求商品的实用功能，而是其隐含的符号价值。"消费"先逐渐演化为"消费社会"，再形成"消费主义"思潮，最终成为一种"支配"人们思想行为的文化意识形态。

随着大众传媒的蓬勃发展和西方消费文化的不断入侵，我国逐渐从满足基本物质需求的生产型社会向以市场为主导的消费型社会转变。消费文化所激发出的强大物质需求，无疑对中国当代景观设计显现出双重效应。一方面，扩大消费所需求的持续创新，促进了景观设计的快速更迭，使中国当代景观呈现出多元化的设计形态；另一方面，消费文化的不断扩张，也给中国当代景观设计带来挥之不去的消费主义症状。

生产阶段：政府，开发商，明星设计师 /
Production stage：Government，Developer，Star Designer

一、生产阶段：歇斯底里症

鲍德里亚认为，消费就是消费符号，在传递某种社会差异化信息。凭借先进技术，人类虚荣心得到极大满足的同时，也带来了消费社会的歇斯底里症。

在政府方面，鳞次栉比的高楼大厦、华灯林立的城市广场、绿树成荫的景观大道等建设都是体现城市经济繁荣和国家现代化发展的符号标签，也是政府彰显"政绩"的有力手段。因此在消费社会的影响下，政府等权力部门在歇斯底里模仿和攀比的过程中，景观设计成为不断构建"发达""先进""现代化"认同的标志[2]。

对开发商而言，资本在除除使用价值的过程中，实现了对符号价值的统治。开发商通过努力打造最现代化品牌标签，赋予景观个性化的潮流符号，为其增添更多的商业附加值，使景观成为差异逻辑的标榜，以此表达消费者的社会地位和公众形象，从而达到资本利润最大化的目的。

从设计师角度，设计师实际上处于一个被动的角色，服从于市场、开发商或业主的要求。但明星设计师往往伴随着巨大的商业价值，其本身逐渐成为消费符号。越来越多的开发商通过明星设计师的品牌符号，以迎合大众消费者的身份象征和虚荣心的自我满足。

二、中介阶段：广告的恐怖主义

消费社会中，对于商品的消费首先是对媒介所建构的符号影像的消费。符号化的媒体宣传是消费文化得以流行的关键，依照广告影像去消费，成为消费社会的核心话题。

根据眼球经济原则，大众传媒选择具有吸引力的热点事件，通过打造品牌、标榜品位、显示档次等方式构建商品的符号价值，对大众实行消费性的诱导。以广告影像符号化的感官刺激，将商业营销深入到人们的本能和欲望层面。与此同时，消费社会中符号化的消费文化极易被不断更新的消费欲望所替代，对此社会学家詹姆逊曾深刻地指出，"消费社会中的符号意义本身飘忽不定且极易被媒体操纵"。因此，资本通过不断变换的现代传媒向公众宣传消费文化概念，使大众消费者逐渐形成以消费主义为核心的思想价值观，广告影像也不断挑战和刺激着设计需求，从而形成极度浮躁的社会氛围。

三、消费阶段：符号化症候群

鲍德里亚认为商品的符号象征意义是表达社会阶级声望或权利的载体。在消费主义价值观的驱使下，大众消费者逐渐表现为符号化症候群，陷入无止尽的物质攀比和欲望消费之中。消费社会中，大众消费者通过模仿上流社会对景观艺术青睐的行为，从而彰显其自身的社会地位，达到心理上的满足。因此，中国当代的景观设计通常为了满足大众消费者符号化的心理需求，以一种大批量复制、拼贴的商品形式在市场中广泛流传，从

中介阶段：广告媒体 / Intermediary stage: Advertising media

消费阶段：符号化的设计现象 /
Consumption stage: Symbolic design phenomenon

而导致景观设计呈现出流行化的世俗性特征，具体表现为"舶来主义"设计形式的泛滥、设计风格的滥用，逐渐形成一种符号化、模式化的景观雷同现象。在功利主义美学的基础上，越来越多的景观设计成为片面的形象游戏，进一步消解了景观设计的深度和意义。

参考文献

[1] 夏莹.消费文化及其方法论导论：基于早期鲍德里亚的一种批判理论建构 [M]. 北京：中国社会科学出版社，2007.

[2] 崔红军，左学兵，程文婷.建筑时尚文化的成因及分析 [J]. 科技信息，2009（11）：243-243.

5 心理感知
Psychological Perception

我相信，一个成功的城市就像一场美妙的聚会，
人们留下来是因为他们享受着欢乐时光。

——阿曼达·博顿

  感知在《辞海》中有两方面的阐述：一方面是感觉和知觉的统称，另一方面是运用感觉器官对事物获取有意义的记忆。感知是抽象的也是具体的，它既是对我们精神世界的思考也是对外部环境的感觉，是我们对认知和记忆最直接的感受和反应，每个人的感知也是不同的。

  城市是人们生活与精神寄托的地方，一座城市的景观环境和文化气质影响着人们的心理感知能力。心理感知就是人们对特定地域的真实感受，可以通过多种途径获得。

  然而人对一个景观场所的第一感觉首先是来自于对所处空间产生的感觉，主要通过人的物理感觉来对所处空间进行一定的感知体验活动。感知作为人们接触环境的基础，影响着人们在环境中的各种活动。感知也是一切户外活动的基础，是人们认知户外环境的基础。对于景观环境而言迎合人的感知体系，给人以更好的感知享受是良好景观环境体现的重要组成部分。

  人是环境的参与者和体验者，而人的感官知觉在参与景观环境时能够产生相应的心理暗示以增加对环境的感知力。因此，设计师在营造景观环境时以满足人们各方面的环境感知力而实现对环境的全方位体验，有利于增强人们与环境的互动，提高环境的生命力。

景观不仅止于视觉满足

/ 薛梦琪　丁山　房宇亭 /

　　随着经济的不断发展，城市化进程不断加快，景观设计作为人与自然和谐相处的重要媒介已经备受重视。俞孔坚教授在《景观生态规划发展历程——纪念麦克哈格先生逝世两周年》的论文中指出"景观作为视觉审美对象，在空间上表达了人与自然的关系、人对土地、人对城市的态度"。然而景观设计不仅仅为了满足视觉美观而设计，人在欣赏环境时是包括视觉、听觉、味觉、嗅觉、触觉在内的多方面的一种环境感知。将这种知觉感受一同考虑到我们的城市景观规划之中，有利于充分提高人们感受景观环境

"遥知不是雪，为有暗香来"，梅花 /
"Remote knowledge is not snow, for subtle incense", Plum blossom

舒适度的认知作用。

环境作为一种客体，通过知觉而被认知。人对环境的认知是由感官和大脑共同作用得到的信息[1]。人们对环境的体验是一种运用知觉的复杂审美认知活动。人类利用五感认知园林景观的行为，中国古代甚早已有体现。最为典型的就是听觉景观行为"雨打芭蕉"，以及白居易在其庐山草堂的布置中"夜中如环佩琴筑声"，将堂东的瀑布水浇落草堂，发出动听的声音。不单单是听觉，嗅觉景观也常常出现在环境中。如"遥知不是雪，为有暗香来"，说的是梅花色白，但是远远地就知道不是积雪，因为有阵阵香味扑面而来，即是诗人王安石用嗅觉感知梅景的真实写照。许多著名诗人的文笔中都记载了知觉感受景观的文章，在具体的环境景观规划中，五种感官知觉应该是交叉起作用的，声音也有形象，颜色也会有凹凸。

在环境中，我们通过器官感知身边的景致，但不同的知觉对环境的感知力不同。触觉和味觉需要直接触摸或品尝才能体验，而视觉、嗅觉和听觉则无需体验[2]。我们用此感知不同的环境信息，首先用双眼欣赏美丽的风景时，还能听见风吹植物争相发出的哆哆声或泉水瀑布发出的

未见景，声先至 / Hear the sound of the scenery first

汩汩水声，我们还能闻到诱人的花香以及感受如浴温泉般的春风，还有不同建筑材料带来的不同的肌理感觉。所有的这一切都是环境能让我们感知到的信息。

然而一直以来，人们通过眼睛感知环境而使视觉成为五感中最重要的一种感官。人们看见的体量和色彩，至少有85%以上的环境信息是由我们的眼睛捕获的，所以视觉是人类最重要的感官知觉。景观设计首先就是趋向于审美的视觉景观设计。视觉上的舒适是人们体验周围景象的主要目的，我们常说要给人良好的第一印象，景观设计也该是如此。景观环境由于其鲜明的视觉美感所展示出的风格形态必定要接受人们对它的视觉评判。

人们从环境中所接受到的信息大部分都要通过视觉和听觉，这对景观的体验显得尤为重要，而且环境中的声音无处不在。人们可以通过耳朵获得眼睛所看不见的重要信息，因此，听觉在生活中也起着重大作用。作为一种背景感知力，听觉景观在环境中起着无与伦比的作用，其中以响度、可预见性和控制感对听觉景观的实现起着重要的作用。在环境景观设计中听觉可以引导人们有种"未见景声先至"的意境。

嗅觉是一种由感官感受的知觉，嗅觉在环境景观设计中也发挥着重要

盲道 / Blind road

的作用。在环境中，美好的味道会给生活增加情趣，使人的情感发生变化，如花香使人感到愉悦，而刺激性的味道却使人感到不适。嗅觉景观通过人们感知空气中的味道而获得的环境信息会对心理上产生不同的情感暗示，或是使精神更加振奋或是情绪更加稳定。嗅觉也是服务于残障人士的一种重要感觉，对于失声、失明的部分人群，嗅觉有着敏锐的情感感知力。

触觉，一般指皮肤受到刺激后产生的感觉。触觉景观在环境景观中的运用也可以说是匠心独运。触觉需要人的直接接触而感知，我们往往通过肢体器官去触摸去获得感知信息。20 世纪 50 年代以后，盲道开始被用来引导失去视力的人群，通过路面凹凸有致的铺装来辅助盲人的脚步触摸来引导他们的行走。20 世纪 80 年代以后设计师们对触觉的设计关注起来。

说到味觉，人们可能觉得与景观设计没有多大的关系。但实际上味觉与景观也是相互联系的，一来人们在品味一方美食时容易想到关于该实物的环境来源；二来人在赏景时又容易想到有关食物的滋味。所以味觉不仅

环境知觉体现景观艺术魅力 /
Environmental perception reflects the charm of landscape art

是生理上对味道的品尝，也是心理上的暗示，同时也包含了对相关环境的记忆，是一种精神上的超越和享受。

最终人是环境中的参与者和体验者，而感觉器官能让人产生明显而直观的印象和感受，其赋予了人们潜意识里的情感暗示。所以景观设计师在规划景观环境时必须全方面考虑到包括视觉、听觉、嗅觉、触觉、味觉等多方面的因素，通过满足人们体验各种环境知觉来体现景观艺术的魅力，使环境景观更具有吸引力和亲和力，提升人们的品生活质。

参考文献

[1] 徐磊青，杨公侠 . 环境心理学 [M]. 上海：同济大学出版社，2002.

[2] 吴家骅 . 景观形态学 [M]. 北京：中国建筑工业出版社，2005.

从人的地方感知看城市

/ 丁山　曹磊　房宇亭 /

　　"人们来到城市是为了生活，人们居住在城市是为了生活得更好。"从亚里士多德的这句话中我们不难看出人与城市间存在的密切关系[1]。城市在为人们提供稳定居所的同时也对人们生活质量与心理感知产生影响。一座城市的环境景观、历史风俗、文化气质决定人对该地域的感知状态。同时，人的身体感知作为地方感知的重要因子也影响着城市的发展。

　　地方感知是人们对特定地域的真实感受，可以通过多种途径获得。段义孚指出："地方感知包含两层含义：地方自身固有的特性（地方性）和人们对这个地方的依附感（地方依附）。地方感知是一个地方的感觉结构，包括地方认同、地方依赖、地方意向等[2]。地方可以认为具有一种精神或是一种特质，但只有人才有地方感知，当人们把情感或是审美意识投向地点

文化感知 /
Cultural perception

人在开设空间中的感知 /
Human perception in open space

或区位时就显示出地方感知。"

潘什梅尔曾说过:"城市既是一个景观,一片经济空间,一个生活中心,也是一种气氛,一种特征,一个灵魂。"不同的城市在建筑、景观、风貌和精神、气质、底蕴方面都会给人们独特的辨识与认知。城市文化影响着人们对地方的认知感和归属感。从不同的角度观察,对同一个地方获取的感知则不同。如到访者与当地居民对同一地方的感受存在明显差异,到访者对一个地方的评价是基于审美的、外在的、表象的刺激,对于目之所及的景物采用美的某种外形标准来判断,是对城市物质化外在的审美及感受;而生活于其中的居民则是对城市制度化、精神化的深刻体验以及他们生活的记忆体现。

那么人对一座城市的景观感知包括气候环境、四季景色、人文历史、土地利用、建筑景观等方面,这种感知也会因时间、空间、社会文化等因素影响而有所不同。人融入世界的媒介是文化,文化对人的地方感知产生重要影响。在营造与善用城市空间方面,文化有着不可忽视的重要作用。然而,当今的城市设计理念在某些方面不断造成城市文化的流失,致使人们心灵愈发麻木。

随着人们对于高速移动欲望的增加,导致了身体感知被动化。速度让身体获得更广泛的移动自由,但同时也降低了感官对周围环境和场所中的

精神化的深刻体验以及生活的记忆体现 /
Deep spiritual experience and memory expression of life

感知能力。人类以极大的热情推动着服务于身体移动的交通工具的发展。疾驰的交通机器使人的身体拥有更快速的移动能力、更广阔的可到达范围、更高的前所未有的自由。然而令人始料未及的是，伴随这些振奋人心的进步背后却是身体与环境的断裂。曾经在自然环境中尽情奔跑的人们，如今被牢牢固定在狭小的空间里，丢失了环境与感官，人们几乎失去地方感知的能力。对于舒适的渴求也是造成人身体感知被动化的另一重要原因。

　　莫索作为意大利著名生理学家，在其发表的著作《疲劳》中阐明："疲劳是一种自我保护机制，防止自己在感觉迟钝时受伤。疲劳感开始出现时，生产率也将大幅下降。"为了使生产率持续保持甚至创造高水准，人们开始了对舒适的不断追求，同时伴随着对快速移动的极度渴求。与悠闲缓慢且赋予诗意的旧时代相比，当今人们的身体不断处于高速运动状态，生活状态也因此是持续被拉紧亢奋而无处施压。生活在城市中的人日复一日地过着看似舒适快速实则麻木乏味的生活。在这种快速、舒适的生活中，我们与周围环境、社群的联系越来越少，对于城市的感知越来越模糊不清。舒适的空间与科技为现代城市带来了感官的愉悦，而我们的身体始终处于一个孤立的状态，这种孤立是我们自己主动选择的，因此我们变得愈发被动，感知能力几乎无法展开。现代城市里盲目游走的人们把自己封闭在一个坚硬的外壳中，把自己与其他城市群体、景观环境、历史自然的联系生

舒适的空间与科技 / Comfortable space and technology modes of contemporary urban living

上海 SOHO 中心 / Shanghai SOHO center

生地切断，漫无目的地穿行于城市中，放任感觉的麻木，对城市的发展生长永远是缺乏关注，身体彻底地被动化了。我们对于地方的感知能力丧失，城市因此变得愈加单调无趣。

千篇一律的城市景观，缺少人性化设计的城市空间，忽略内在文化而盲目追求高速发展扩张的城市格局，持有距离感的个人主义……这些都造成了当今城市个体地方感知能力的逐步衰退。令人欣慰的是，越来越多的专业研究者开始关注与重视地方感知方面的调查与研究。无论是城市的决策者、设计者，还是城市的建造者、劳动者，在今后的城市规划设计及建设中都应当充分尊重、培育、引导、建立独具特色的城市环境与文化，重视人性化城市空间景观设计，促进人与人之间的交流联系，进而增强人们的地方感知能力，使我们的城市独具气质与灵魂。

参考文献

[1] 理查德·桑内特. 肉体与石头：西方文明中的身体与城市 [M]. 上海：上海世纪出版集团，2011.

[2] 宋秀葵. 地方、空间与生存：段义孚生态文化思想研究 [M]. 北京：中国社会科学出版社，2012.

我心中的纽卡斯尔：关于河道景观中的情感化设计

/ 王锐涵　房宇亭　黄滢 /

什么是情感化设计，目前设计学上并没有准确统一的定义，美国著名心理学家 Donald. A. Norman 认为："所谓情感化设计，是从人的角度出发，综合考虑人的认知与情感的设计。它把影响人们情感的因素考虑到作品的设计中，使人们能够结合自身的经验、文化、历史背景等因素，对作品价值进行判断，激发人们的联想，产生共鸣，获得精神上的愉悦和情感上的满足[1]。"

这个定义虽然很完整地阐述了人的"情感"对设计作品的影响与引导，但它的重点更偏重于人的体验，而忽略了物本身的特性[2]。

泰恩河道景观，英国 /
Tyne River landscape, UK

英国盖茨黑德千禧桥，英国 / Gateshead Millennium Bridge, UK

毕竟一件作品被设计出来，是要具备一定的功能性，而情感化设计则是高于功能化设计的，它更像是一件作品的性格与个性，因此情感化设计要求设计师从人和物两方面来考虑。

现代城市河道是由若干人工设施和自然存在物组成的集合体，各种组成部分已经形成了密不可分的系统关系。在进行景观设计时，既需要考虑生态环境，也要考虑大众行为心理、视觉感受和文化传承等各方面的因素。随着社会的发展进步，对城市河道景观的设计内容应不断细化深化，以满足人们对现代城市河道景观的需求。

纽卡斯尔市的泰恩河道属于城市河流一类。城市河道景观是河流水域和滨水区的物质形态的总和，设计内容除了河道水体，还包括河道与陆地相接的河岸空间以及滨河空间[3]。滨河空间作为与城市河道接壤的区域，它既是陆地边缘，也是水域边缘。它的空间范围包括 200 ～ 400m 左右的水域空间和与之相邻的城市陆域空间，是自然生态系统与人工建设系统交融的城市公共空间。城市河道景观以水为中心轴线往两岸扩展，按欣赏人群角度的不同，又可分为俯瞰景、对岸景、流轴景等。

泰恩河道的主要景观包括了水体、地铺、植被、景观建筑与景观小

人的情感交流 / Human emotional communication

沿岸景观 / Coastal landscape

　　品，它们在形状、色彩、尺寸、材质等方面都是经过细致设计的，显得简洁大方，体现出纽卡斯尔人的独特审美。在功能与使用方式方面，河道景观兼顾使用的乐趣与效率，既满足了人们的功能需求，又愉悦了人们的心情，同时还满足了与人交流、与物交流、与自己交流的精神需求，体现出泰恩河道景观中出众且独特的情感化设计。

　　设计师对景观设计的最高要求，就是体现场所精神，这也是情感化设计追求的最高层次，这个层次实际上是由于前两个层次（本能——外观，行为——使用、活动）的作用，在使用者心中产生的更深的情感、意识、理解，以及个人经历、文化背景等交织在一起所造成的影响。这些感受从人与物、人与人、人与自己之间的情感交流中表现出来，通过交流满足人们不同层次的情感需求[4]。

　　每一处优秀的景观设计，都体现出设计者的文化、修养、人生经历以及做人做事的风格，因此它是活的、有灵魂的，且能够被景观中的人所感知。比如身处小桥流水，会感到心静神怡，身处高楼大厦，会感到繁华忙碌，身处碑亭殿堂，会感到庄重肃穆，这些都体现出人与自然之间的情感交流，而且这种交流是双向的，人们也可以将自己的感情反馈给景观，并对景观产生一定的影响。基于这样的交流方式，现在许多城市中重要景观的设计都会从群众中征询意见，进而加深了人与景观、人与城市之间的感情。

　　纽卡斯尔市的河道景观设计，非常关注人与景之间的情感交流，这些可以从它们的外观以及使用中看出。这段河道景观的总体设计简洁明了，建筑物和景观设施的外形基本上都是规矩的几何形，没有任何花哨的变化与装饰。植物只用草坪与矮小的乔木，既整洁又不遮挡视线。地面上的铺装也很简单，几乎全部都是石板铺成，但这些看似平常的设计反而更加凸显出宽阔的水体。如果你来过纽卡斯尔，离开的时候，记忆最深的一定不会是哪一栋建筑高楼，或是某一处酒吧夜店，只会是宽阔稳健的泰恩河以及河上千姿百态的桥梁，因为桥梁也是英国人的骄傲。当你漫步在河边步道上，眼前视野开阔，城市中的美景尽收眼底，顿时就会觉得心情开朗了许多。那些长期生活在其中的人们一定也是心胸开阔的。

现如今很多河道景观都缺乏对于人情感方面的设计，人们可以走"近"景观，却又很难走"进"景观，很多景观让人很难读懂它的含义，导致人们无法对其产生亲和感和认同感。河道景观中情感化设计源于生活，以人的情感作为设计的主导，做到从不同地区、不同人文背景中提炼不同的情感，以此来作为河道景观设计的主要宗旨，起到对人们的引导作用。情趣的设计可使人们产生积极方面的情感，进而使人们愉悦。文化要素则主要起到让人们对景观产生亲近的情感以及对生活情趣的认同感，从而激荡起人景之间强烈的情感共鸣。

河岸广场上的交流空间 / Communication space in riverside square

情感化设计对于河道景观的意义重大，赋予河道景观情感化才能最终实现人在景观中的完美体验。河道景观的情感化设计以人的情感为设计重点，把与人有关的一切活动都加以趣味性，最终希望达到情感交流、情感互动、景观体验。因此如何通过情感化设计的手法，让未来的城市河道景观更加符合人的情感体验和艺术审美，将会成为河道景观设计的永久课题。

参考文献

[1] Donald.A.Norman. 情感化设计 [M]. 北京：电子工业出版社，2005.

[2] 柳沙 . 设计心理学 [M]. 上海：上海人民美术出版社，2009.

[3] 李展平 . 水岸景观分析与鉴赏 [M]. 北京：化学工业出版社，2011.

[4] 胡长龙 . 园林规划设计 [M]. 北京：中国建筑工业出版社，2002.

心理感知　Psychological Perception

纪念性景观探究

/ 樊昀　丁山　华书 /

　　纪念馆是为纪念具有深刻意义的事件或受尊重的人而建立的。也就是说，将被高度评价的人物的业绩或精神融入含蓄的空间。

　　纪念馆景观用于标志某一事物或为了使后人记住的物质性或抽象性景观，能够引发人类群体联想和回忆的物质性或抽象性景观。纪念馆景观是把人与纪念性场所联系在一起。场所是由空间和特色两部分构成的。皮亚杰就认为："空间生物体与环境互动所得到的结果。"

　　尺度是人们对景观大小的认知和感受，因此尺度是一种相对的概念。以前的纪念性景观大都崇尚巨大的体量和夸张的尺寸，然而夸张的尺寸不一定能够给人带来相应的尺度感。巨大的尺度往往代表超人的能力和不可知的来源，在没有机械力量的古代文明中，由于人类对超能力的崇拜和神灵的畏惧，因此对巨大尺度景观产生崇拜和向往，体量的超常在先民的

南京大屠杀纪念馆 / Nanjing Massacre Memorial Hall

心目中似乎能够蕴含神秘与力量，而这种力量使他们心中获得安全感和成就感。

环境的主题决定了空间的性质，空间的性质决定了空间序列的方式，它是由能给参观者带来最强烈的感受为前提去设计的。纪念性空间的宗旨在于通过空间与环境的塑造和氛围的渲染，引导观者的思绪与情感使他们最终领悟纪念的主题，空间序列的设计经常成为纪念性景观设计成败的重要因素[1]。

珍珠岛纪念馆中设定的纪念主题经由线性道路规划，成为主要的视线廊道，通过情节线索贯穿来塑造纪念馆空间的视觉逻辑，线性的道路作为人们习惯的偶然或是潜在的移动通道是空间中的主导元素，具有方向性和可度量性。

区域是一个由边界组成的有严格明确的进入感的范围，在区域内部包括多种多样的主题，丰富认知体验。作为区域中的主题单元，亚利桑那号纪念馆具有特殊的意向性与可识别性，它包括了整个来往的行走道路、干净纯洁的白色外立面、镂空畅快的建筑形式、宁静的氛围以及来往游览的行人，这样组成的主题能够很快地被识别，成为人们认知体验中的核心与高潮，采用递减的方式逐渐起到累积与缓解的作用。

亚利桑那号纪念馆建立在沉船之上，在上空俯视纪念馆与沉船呈现出

美国珍珠港纪念性景观 / Memorial view of Pearl Harbor, USA

一个巨型的十字架，通识意义上十字架代表着纯洁和信仰。设计师采用隐喻的设计手法来表达纪念主题，营造出包容及对和平的向往的群体氛围。

Paul Ricoeur 认为感觉是人的一种意向，就是对某件事或物的感觉。一方面是对周围世界的感受，另一方面也反映出人的内心受到影响。也就是说，在体验、感觉的同时，内心的情感及对外的意向是同时产生的。观察者对于场所的体验过程就是观察者对空间的认知过程，通过多种景观语言来直观或被动地转换为情感。

亚利桑那号纪念馆的建筑中总是呈现出一种开敞祥和的感官体验，与建筑外的景观融为一体，更像是一种意味着和平共融的发声。镂空的建筑外立面是建筑的点睛之笔，运用现代建筑材料和搭建手法，在参观者身处建筑内部时，抬头可以望到天空和升在半空的美国国旗，环绕四周可以看到身处海底的亚利桑那号原型，至今沉船处的海面上仍在泄露原油，被称之为"珍珠泪"，在视觉感受和心理感受中都向外界传递出和平的不易和战争的惨痛。

参考文献

[1] 刘滨谊 . 纪念性景观与旅游规划设计 [M]. 南京：东南大学出版社，2000.

地方感知与城市植物景观设计

/ 张慧珠　吴曼　张路南 /

地方感知的概念来自于人文地理学，是对地方环境归属感的研究，当人们把审美意识、情感记忆投向地点或区位时就显示出地方感知。在城市景观环境中，地方感知具有整体性、审美性、情感依恋等特征，地方感知过程即是对城市环境特征的记忆过程。

在中国前工业时代，人们对于城市景观的意象和描述围绕着气候、地理等自然环境条件展开，而随着城市建设发展，良好的自然环境不再成为城市意象中的主导[1]。城市自然环境的问题更容易被诟病，高楼林立的城

钢筋水泥束缚了人们对自然环境的感知 /
Concrete and steel constrains people's perception of the natural environment

不同地域下的植物景观 / Plant landscapes in different regions

市环境束缚了人们对自然环境的感知力，人们逐渐无法通过对城市环境的地理方位、气候环境、人文历史、景观建筑等方面的来获得城市特征的感知与识别。与此同时，快节奏的城市生活让人缺乏归属感，城市高度竞争的生活环境更容易给人带来心理上无形的压力，钢筋水泥中趋同的城市环境让人们逐渐丧失对城市环境的地方感知力。城市文化是城市特性的重要体现，而在城市景观设计的发展过程中对城市文化发展的忽视，导致城市环境趋同，影响人们对环境的感知。

城市植物景观是景观物质材料中独特的生命体。不同地带条件下的植物景观风貌由自然环境主导形成植被地带性分布的特征，而在相同的气候带背景下的城市植物景观则以人文环境为主导，即人类对环境进行自然改造的过程形成城市植物景观文化。而在历史悠久的城市中，由人们长期审美积淀下来的植物景观文化，也需要认识其价值。然而当前在对城市历史风貌环境改造的过程中，由于对城市植物景观文化内涵缺乏认识，导致环境建设决策过程中，城市居民对植物景观情感依赖缺乏考虑，从而导致城

具有文化特征的植物景观 / Plant landscape with cultural characteristics

市发展情感价值的偏失。

　　文化对城市发展具有双重作用，文化背景下发展新的城市景观，而新的城市景观延续了城市文化。城市植物景观扎根于城市的土地而成长，具有独特观赏价值的植物景观形成城市植物景观文化，与城市景观审美相融合，形成了城市自身独特的景观风貌，这是自然环境地方文化的重要体现。

　　在城市景观设计领域中，地方感知即可理解为城市地方景观的感觉结构与城市意象。凯文林奇用"可意象性"表现城市个性和结构的特点，指在有形的环境中蕴含的、可能唤起的意向者的强烈意象特性[1]。城市景观通过物体形态、色彩及空间布局创造出极具个人的可意象环境，而城市意象的理论中缺乏对于城市文化这一因素的考量，地方感知则把地方文化作为感知的载体来体现。

在城市历史发展过程中，人与植物景观经验的互动使得植物景观作为文化符号，承载了人文内涵。自人类对植物进行改造的行为伊始，植物景观便有了人文属性，成为文化的载体。城市中的植物景观区别与自然生境中的植物景观具有人工选择与培育的特性。具有地方性特色的植物景观拥有着浓厚的人文特性，这是植物景观审美选择的历史过程中积淀下来的人文内涵在植物景观上的表现。

地方感知是一个随着时间记忆和空间感知共同发展的过程，是对地方环境的依恋，虽然地方感知存在着不同的身份角色、年龄经历、文化背景的差异，但在感觉审美上却有着共同性，植物景观环境成为地方感知的载体是对地方特征感知审美作用的结果。在城市环境中，植物景观具有空间形态、色彩质感、季相变化等特征；园林植物景观中，不同植物具有不同的观赏特性及审美内涵，与地方文化相互塑造。

参考文献

[1] 李畅，杜春兰.现象学视角下的当代城市景观体验 [J].新建筑，2014（6）:33.

6 小型景观

Small Landscape

城市必须与田园相互结合，互为补充相互交融，
从而建立多种小型美观的景观能充分融入大自然中，
这种构想不仅有先进发达的科学技术、工业生产，
也有适合城市居民居住和工作的宜人环境。

——霍华德

    在都市高密度的生活环境下，对于人地矛盾不断冲突的现状，小型场地景观设计使人们的生活更加便捷灵活，维持和营建适宜的尺度空间，让市民参与其中并寻求小尺度空间带来的亲切感和归属感。本章通过分析不同使用空间带给使用者身心感受的不同，研究小型景观空间为居民生活、交通、气候等带来的改变和影响。

    小型公共空间景观设计作为研究对象，可大致分为：屋顶绿化、小型城市广场、小游园、小型商业步行街的景观设计等。公共空间景观设计直接影响市民生活的环境和质量，因此小型公共空间的景观设计就显得极为重要。在都市景观娱乐性发展趋势下，它们在一定程度上丰富了城市的肌理，也缓解了城市社会生活的压力和氛围。而隐匿在街道中的越来越多的斑块状小型绿地将会提供给人们的心灵慰藉，成为人们在繁华都市中体验快速便捷地享受景观的新型模式。

城市商业综合体绿色空间

/ 谭茹轩　王锐涵　丁山 /

现代景观设计正迈向生态方向发展，致力于构建生态型城市，从景观设计角度去营造良好的城市生态环境[1]。本文从景观设计的角度出发，通过提出问题、分析问题、解决问题的研究方法，深入探讨和总结了城市商业综合体中绿色空间设计的理论依据及实际方法。阐明城市商业综合体中绿色空间设计的必要性和重要性。为我国未来城市商业综合体绿色空间设计提供可靠思路。

相比之下，国内大多数的城市商业综合体不重视从景观设计角度对其绿色空间进行构建，很少有全面关注生态化设计的案例，在绿色空间设计

成都太古里 / Taikoo Li, Chengdu

商业综合体绿色空间 / Small landscape area in city commercial complex

方面普遍存在着很多的不足。从总体设计角度，其不重视对空间的利用，也很少考虑新技术、新材料、新能源的运用，几乎没有能用模拟自然手法的案例，并且在具体元素的设计中也存在绿化形式单一、不重视水景布置、硬质元素没有进行生态化的设计和建设等问题，这种现状目前在国内大多数的城市商业综合体中具有一定普遍性。

南京砂之船艺术商业广场、河西万达广场等虽然逐渐关注到绿色空间的设计，但是形势和体量依旧存在不足，室内极度缺乏绿色空间的设计，形式也局限于种植植被和构建静态水体景观。总的来说，中国大多数的城市商业综合体在绿色空间设计方面依然处于摸索和发展阶段，仅在北京、上海等发达城市中出现，并且相比较国外最优秀的案例仍然有一定差距。

商业综合体中心绿色空间，泰国 /
Landscape area in city commercial complex, Thailand

　　本文对城市商业综合体绿色空间设计的相关理论、设计原则以及影响因素也进行简单探讨和解读[2]。城市商业综合体中绿色空间的设计需要关注城市商业综合体、城市和使用者三个方面的因素。构建符合生态标准的绿色空间，应根据景观生态学理论进行设计；基于高密度城市下城市商业综合体，受紧凑城市理论的影响和指导的绿色空间，也应依据紧凑城市理论进行设计。从使用者的角度出发，城市商业综合体绿色空间还应依据环境心理学理论进行设计。

　　选取国外优秀的城市商业综合体案例，对其绿色空间的设计进性剖析和总结，依据他们在绿色空间设计方面的设计手法将这几个案例分为三种

商业综合体中心绿色空间，泰国 /
Landscape area in the city commercial complex, Thailand

类型并进行论述。第一类为多层次、立体化的集约型设计，包括韩国首尔多克福城、瑞典马尔默恩波里亚城商业综合体以及新加坡 IonOrchard 购物中心；第二类为运用了新材料、新技术、新能源构建的城市商业综合体绿色空间如德国柏林波茨坦广场；第三类为模拟自然设计手法的日本大阪难波公园和加拿大阿尔伯塔西埃德蒙顿购物城。

　　城市商业综合体绿色空间设计需要遵循以下六个方面的设计原则，分别为：绿色生态优先原则、整体协调性原则、功能优化原则、多样性原则、美学原则以及人性化原则。实现城市商业综合体绿色空间设计的最优化，在奠定理论基础、遵循设计原则的同时，要充分考虑影响其绿色空间设计的多种外界因素，包括赖以生存的自然环境、与城市商业综合体相辅相成共同发展的城市、城市商业综合体自身因素及多方面的人为因素。

参考文献

[1] 丁山，曹磊 . 景观艺术设计 [M]. 北京：中国林业出版社，2011.

[2] 伍业纲，李哈滨 . 景观生态学的理论与应用 [M]. 北京：中国环境科学出版社，1993.

慢商业建筑屋顶花园景观

/ 谈舒雅　丁山　王锐涵 /

　　城市化促进了商业现代化的发展，商业场所及商业活动的多元化发展为消费者提供前所未有的消费驱动。"商业活动已经不再是单纯的卖与买，而是集购物、休闲、餐饮、娱乐为一体的综合性行为[1]。"商业建筑作为市场经济贸易流通的载体与人们的日常生活息息相关，它的设计直接影响着人们的生活品质。在选择植物类别的基础上，坚持"安全是前提，合理的仿生态为基础，以艺术性为核心，以功能性为目的，以经济性为保障[2]"的设计原则。因此在现代化的发展趋势下，商业建筑在追求商业利润的同时还应关注于社会和公众利益的体现。

一、高档精致的景观特色

　　商业建筑屋顶花园作为向市民提供休闲娱乐的绿地场所，一般属于开放性或半开放性的园林空间。屋顶景观将建筑与绿化融为一体，突出意境美，丰富的植物景观使人产生对大自然的亲近感。了解服务群体的喜好及文化品味，以此为参照基础来营造出符合群体喜好具有文化内涵的景观氛围，以求达到一定的园林意境，让消费者能体验到情景交融的文化共鸣。

二、多功能体验的空间特质

　　商业建筑屋顶花园的设计应在追求精致美观的基础上也能满足实用功能。基于商业建筑屋顶花园的人流量大，服务对象广，因此在设计初期应充分考虑使用者的喜好、目的和使用习惯，了解人们对于生态、美化、实用等方面的空间需求。商业建筑屋顶花园的设计不仅需要满足人们对生态、观赏、游憩功能的基础需求，同时还要满足人们对于娱乐、交通、商务、餐饮、运动等多种综合性的功能需求，与之相关的人工设施也应该和植物景观完美融合达到和谐统一。设计的重点丰富多变，在带给消费者便捷性、舒适性及合理性的基础上，还应让消费者能够在游憩过程中产生对大自然的亲密感，使之留连忘返。

三、安全稳固的活动区域

建造商业建筑屋顶花园时，需考虑建筑物自身的给排水措施、屋面的荷载承重、植物的抗风性能以及建筑屋顶的安全护栏等用以保障活动人员安全的防护措施。植物自身、栽培基质、附属设施及人员的荷重不能超过建筑结构的承重能力，大型的设施或植物应当相应地种植于承重结构之上。为了防止屋顶的渗漏必须做好防水隔热层，同时还需要注意避免使用根系穿透力强的植物。对于屋顶花园边界的危险区域应进行规避设计，如利用绿篱进行隔离且设有牢固的防护措施，以保证活动者的安全。

IFS，长沙 / International Finance Square, Changsha

四、尊重场地环境的景观构成

"每一个场地都有其特殊性，即使在同样地域气候环境中，不同的屋顶花园因其所处场地的光照、温度、水分、风向等生态因子的区别仍会体现出截然不同的气候特点，这就需要景观设计师们去因地制宜的区别对待[3]。"在此基础上充分发挥植物美化环境、调节气温、净化空气、改善环境氛围的特点，选取最适合商业空间屋顶花园环境特色的植物，以保证屋顶景观植物的健康生长，扩大叶面积指数，使叶绿体含量得到一定的提升，实现预期景观效果。

五、经济适用的设计策略

屋顶花园在为商业建筑带来良好的生态效益和经济效益的前提是较高的造价，后期的养护管理投入也较大，因此在设计之初就应该充分考虑业主的预算，因地制宜，力求通过材料及植被的选择，新技术、新材料的运用来节省开支。植被应该选择景观效果稳定、抗逆性较强，易栽活易管理

IFS 屋顶花园 / Roof Garden, IFS

的品种，最好以乡土植物为主，就地取材有效减少运输成本。

　　本文以商业建筑屋顶花园景观设计的多样性与创新性为核心，围绕其开展关于屋顶花园与商业建筑的关系、消费者活动与景观设计的关系之间的讨论，同时探讨了消费者的心理与需求，种植设计与当地气候之间的关系以及后期养护等内容。在此基础上归纳并总结出对提升高价值的屋顶花园景观形式，使建筑屋顶空间的资源优势能够得到充分的发挥，有效改善城市中人们的生活品质。

参考文献

[1] 李雅娜，郗金标 . 现代商业空间植物应用的研究 [J]. 山东林业科技，2012（4）:116.

[2] 毛学农 . 试论屋顶花园的设计 [J]. 重庆建筑大学学报，2002，24（3）:11-13.

[3] 冷春平 . 园林生态学 [M]. 北京：中国农业出版社，2003.

慢设计理念下的图书馆景观

/ 杨威　丁山　杨婧熙 /

　　怎样通过对图书馆的景观设计来引导人们健康阅读是文章研究的重点。将慢设计理念植入图书馆景观设计中，分析图书馆景观设计的要素以及慢设计理念在图书馆景观设计中的植入方法，为新时代图书馆景观设计提供一定的理论知识。慢设计理念是慢食运用在设计领域的延伸，最早是由建筑师阿特利·彼特提出的[1]。慢设计理念对于图书馆内部景观设计的重要性主要体现在阅读方式的转变和图书馆的变革两个方面。其使人们从阅读方式"快餐式"回归到"慢餐式"，也成为我们当今关注的问题。另外，未来的图书馆将是传统图书馆和虚拟图书馆的复合体，图书馆环境舒

奇点书屋景观 / Library landscape design

图书馆的活力空间 / Vibrant space in a library

适度越来越重要，到馆率、一座多媒体化是设计的重要内容。

图书馆设计主要利用景观要素来对内部空间进行设计，分别是：假山和置石、水景、构筑物和小品、地面铺装、植物和照明。一方面，假山代表中国自然山水园的典型特征之一。另一方面，室内的水景从视觉感受方面可分为静水和流水两种形式，构筑物和小品的使用既可以作为观赏也具备一定的实用性。此外，地面铺装设计也十分重要，其好坏将影响到整个图书馆的读书氛围。植物作为自然界的代表也是图书馆的一大空间景观要素。绿色植物的引入不仅满足人们亲近自然的要求，同时也帮助人们消除疲劳、改善心情。最后，照明作为室内空间设计的重要手段，在图书馆的景观设计中起到了装饰、分隔空间和提高读者视觉体验的作用。

慢设计理念下图书馆景观设计分析主要从生态、体验、活力、文化和简约五个方面展开。

1. "慢"之生态，体现生态可持续性

设计师既要注重设计的生态要求，又要确保景观设计功能性的实现。如法国 La Source 媒体图书馆在建筑北侧的立面使用了大面积的玻璃和夸张的线条，在最大程度上实现了室内充足的自然光照和良好的自然通风。

2."慢"之体验，强调使用过程及使用者的心理感受

慢运动下人们可以兼顾放松缓解与高效学习工作，让人们享受过程。
南京图书馆沿袭了古人"席地而坐"的形式，让读者体验到古人的阅读方
式的同时，还为读者提供了一个舒适自由的交流空间。

3."慢"之活力，建立情感交流

图书馆情感化的景观设计既赋予景观人的品格和思想，使读者在与景
观进行交流时，避免麻木无味的生活，找到归属感。南京图书馆在公共阅
读区域的一隅以石作为山的缩影，将自然中的山体缩小到室内空间中，再
搭配水景形成自然的山水景观，在消除视觉死角减弱空间境界面形成单调
之感的同时达到咫尺山林的意境美。

4."慢"之文化，传承传统文化

图书馆本身赋有浓厚的文化气息，其景观设计更应该体现文化内涵。
如浙江桐庐先锋云夕图书馆的建筑设计保持了房屋和院落的建筑结构和空
间，连同功能再生的公共性，共同营造文脉延续的当代乡土美学[2]。

图书馆一角 / Corner of the library

5. "慢"之简约,少即是多

慢设计理念下的图书馆的景观设计追求极简主义风格,注重功能与形式的高度结合[3]。南京林业大学图书馆的阅览桌采用简洁的几何式"T"形设计,方便学生的选座。在颜色上图书馆的家具颜色简单而优雅,使整体空间达到和谐与统一。

图书馆的景观设计应该认识到审美的本质,不是把图书馆的整体景观环境作为一种观赏的目去设计,而是注重对读者心灵的审美领悟和感动,使读者做到真正的"赏心悦目"。本文将慢设计理念引入到图书馆景观设计中,提出未来图书馆内部景观设计方式,引导人们积极健康的读书态度,最终实现"慢阅读"。

参考文献

[1] 曾海. 基于慢设计理念的餐具设计研究 [D]. 武汉:武汉理工大学,2013.

[2] 王铠,张雷. 时间性桐庐莪山畲族乡先锋云夕图书馆的实践思考 [J]. 时代建筑,2016(1):64-73.

[3] 谢政阳."慢设计"理念的传播方式及特点研究 [D]. 杭州:浙江工商大学,2016.

慢消费时代的当代私家庭院景观文化

/ 赵婧　丁山　杨婧熙 /

　　景观设计作为文化艺术领域中的一门学科，面临着诸多问题和全新的挑战，"后现代"的出现是否能够作为今后中国景观设计，特别是私家庭院景观设计发展的指导纲领，都将成为讨论的重点。

　　当代中国已具备了明显的消费社会特征，景观设计也是如此。中国当代私家庭院景观设计遵循"消费主义"哲学观，由于缺乏正确引导，引发了一系列问题。通过将中国当代私家庭院景观设计与不同时空的中国古典园林设计、不同地域的西方当代私家庭院设计进行比较；指出谈论消费社会中所出现的新型文化和艺术形态，目的是为了更深刻地研究消费社会的影响，认识和理解消费社会出现的必然性，及其带来的认知方式和审美倾向的变革[1]。

在中国，后现代首先是一套来自西方的话语系统，它所指涉的全球性的经济、政治、社会和文化状况，同中国当前的社会变化有着错综复杂的关系，但这种关系并不都是直接的，透明的。他们必然要经受中国现代化的特殊经验及既成体制的筛选和制约。

这也就是说，中国后现代不是简单的异化和超越，它是现代性以及后现代性发展的必要前提。我国是一个具有悠久历史传统的文明古国，几千年的造园历史为我们今天的景观设计留下了许多宝贵的经验。中国的传统文化是我们进行景观设计创造是灵感的源泉。但是，大众文化和消费文化的崛起，从根本上改变了人们固有的精英文化观，为大多数人的以欣赏的"消费"文化产品提供了可能性，因此渐渐失去历史文脉和对传统文化的感知。尊重历史不必拘泥于传统，"创新"不必"破旧"，关键在于以传统而又时尚的手法，创造出具有时代精神的城市景观。在私有性质的景观设计中，这一理念应当加强，继承传统的同时也保留其商业价值，注重内涵传递，形成新的审美取向，但是也满足其消费的性质，保证市场竞争力，迎合大众喜好。

当代中国社会，消费主义哲学

私家庭院 / Private garden

私家庭院 / Private garden

被下意识地用来指导中国当代私家庭院景观设计。与中国古典园林的设计观念不同[2]，其消费文化的特征为：注重商品所带来的象征意义和欣赏价值，以粗俗、生活化取代精雅的艺术趣味；大众性取代艺术的精英性，艺术与生活之间的界限逐渐消失。总的来说，中国当代私家庭院景观设计出现了一系列光怪陆离的景象。艺术作品的意境是由若干相关相生、互渗互补的元素所构成的完整统一、形有尽而意无穷的深邃艺术空间，景观的意境更是如此[3]。庭院是对浓缩了的世界的想象，如果没有意境，那它也只是简单的堆砌。当代中国庭院设计中有设计风格滥用、设计元素的拼贴组装、庭院设计风格单一化等问题，产生了众多"水土不服"的庭院景观。

另外，庭院设计中景观生态构建序列的要素如建筑、山水、花木、亭廊等在消费社会的影响下，注重经济回报，往往批量生产，复制多、创意少。各要素之间与建筑风格的统一，与园子精神的和谐未被充分考虑和设计。

未来，景观设计师还应不断摸索自进入消费社会以来能够真正代表时代特征的表达方式，从实用的目的出发，将自然界引入有益于人类的有规律的道路，通过设计传承中国古典造园艺术，陈述自己的梦想与追求。总的来说，庭院是一个创造隔离感的场所，这种隔离必须靠建立门槛，不管是通过真实的再现还是暗示的作用来实现，这道门槛一定要拥有了离开一个世界进入另一个世界的能力。庭院设计应当为人们描述出另一种类型的心理空间，使人们接触到真正的自己，这才是造园的本真。

参考文献

[1] 吕明伟、赵鑫．后现代主义与我国城市景观建设 [J]．中国园林．2004，（04）25:47-53.

[2] 金学智．中国园林美学 [M]．2 版．北京：中国建筑工业出版社，2005.

[3] 赵巍岩．当代建筑美学意义 [M]．南京：东南大学出版社，2001.

现代中庭空间艺术

/ 丁山　杨婧熙 /

　　中庭空间，作为一种特殊的空间形态，在公共建筑的营造格局中被越来越广泛地接受并加以运用。这是一种充盈着都市意味与时尚休闲气息的空间形态，它融入艺术的多角度观赏形式，景观的多层次结构分析、地域文化的多类型组合特征。它可以追溯到公元前 8 世纪的罗马帝国，崛起则是在 20 世纪 60 年代的美国[1]。中心庭院作为建筑内部环境分享外部自然环境的一种独特方式，逐渐发展为现在我们所理解并认识的中庭空间。现代中庭空间的设计与当代艺术、高新技术手段整合成一个有机的结构，在这个构成形式中看到建筑空间形态的演化过程所留下的轨迹。中庭空间的发展轨迹如下。

上海静安 SeeSaw 中庭 / Atrium of SeeSaw, Jingan, Shanghai

中庭景观，意大利 / Atrium landscape, Italy

在 18 至 19 世纪的欧洲，拱廊建筑与商业廊建筑十分流行，被普遍认为是现代主义中庭空间的原型。真正具有中庭空间概念的作品则出现在 20 世纪 40 年代，促成了现代主义中庭空间的建筑语言与视觉特征的演变，直接启发了之后的中庭空间设计。20 世纪 70 年代被认为是现代中庭建筑构成形式的开端，激起了人们重新认识与理解建筑内部空间的兴趣，将人、自然、建筑有机地融为一体，改变着人在建筑环境中的生活状态。进入后现代主义时期，中庭空间呈现了过去几个世纪以来前所未有的面貌。新技术的综合运用，极具想象力的装饰元素设计、景观生态概念的导入、自然与人的可持续发展的关系等，中庭空间正以一种更为开放的、贴近生活的、充满新鲜视觉经验的姿态出现在建筑空间中，室内中庭设计被引入到生活化审美的局面[2]。

后现代主义下的中庭空间设计主要分为两个阶段。在 19 世纪中叶至 20 世纪中叶流行以追求艺术纯粹性为目的的现代主义风格，运用非根本性结构组件构建中庭空间，把整个空间改造成一件建筑内部的巨大装置。成功营造了室内空间视觉效果的多样性，但也在一定程度上打乱了空间的有序性。20 世纪 70 年代初至今，后现代主义艺术席卷整个建筑艺术领域，

中庭艺术 / The art of modern public buildings

这是一种回归自然和形象本体的艺术，追求建筑文化的多元表达与复杂性。查尔斯·詹克斯将后现代主义定义为对传统价值[3]，是对历史的回归，而不是继续往前硬做先锋的基调。总的来说，这是一种寻根艺术。建筑的中庭设计也受其影响，在内容形式上都表现为"回归于自然""回归于技艺""回归于民族"等等。在后现代主义的影响下，中庭空间的设计开始追求地域文化与民族文化载体的空间呈现效果，在空间设计中寻求表现时间的流逝与历史的价值；强调中庭空间构成的复杂性与矛盾性，反对简单化、模式化的视觉效果；讲究历史文化的蕴意，追求都市生活的丰富性，在设计时从地域历史以及传统文化出发，创造一种具有归属感的情感环境，这种历史主题与现代感的融合真正体现了中庭空间设计的大众化风格。

后现代主义下中庭空间设计的创新表现主要有四点[4]。第一是空间结构。打破一般性空间环境关系的空间结构形式，建立在建筑设计的基本条件和新结构形式的基础上。第二是材料选择。新型材料与肌理材料的交织运用，可以有效地改善空间视觉质感。第三是色彩搭配。现代中庭空间色彩构成趋于鲜亮明快的组合，构图大胆，甚至大面积采用元色。第四是照明系统。与现代照明技术的运用相结合，对传统的豪华型吊灯加以更新和改造。

　　中国文化因其含蓄性表达的特点，与后现代主义文化不谋而合。以"人"为中庭设计中最重要的表现元素，结合人的交通流向和人体工程学进行设计。此外，中庭空间的情感表现，体现人性化特征是当代中庭空间的另一重要组成部分，通过人为改造富有人性化特征的中庭环境，充分体现了中国传统文化与传统美学特质。将繁琐的装饰与简洁典雅的艺术特征相结合；将传统风格与民族气氛相结合；采用天然环保材料，力求接近自然。

参考文献

　　[1] 陈文捷.世界建筑艺术史 [M].长沙：湖南美术出版社，2004.

　　[2] 理查.萨克森.中庭建筑：开发与设计 [M].戴复东，吴庐生，译.北京：中国建筑工业出版社，1990.

　　[3] 查尔斯·詹克斯.后现代建筑语言 [M].李大厦，摘译.北京：中国建筑工业出版社，1986.

　　[4] 纳尔逊·哈默.室内园林 [M].杨海燕，译.北京：中国轻工业出版社，2001.

上海老宅院户外吧台 /
Atrium landscape in Shanghai

南京熙南里咖啡厅内部空间 /
Atrium landscape in Nanjing

自然体验式的城市生态公园

/ 杨婧熙　丁山　王锐涵 /

城市生态公园 / Urban ecological park，China

　　城市生态公园地处主城板块或近郊，在城市生态系统营建上符合局部生态系统功能，其多样性和自我演替能力是修复功能的完善，为保留或模仿地域性自然生境。在生态文化与自然相和谐的基础上，提供给人们实践、休憩、游览等活动的公共园林。

　　自然体验型的景观设计，是让每一个感官共同发挥作用产生一种综合的效应。传统的景观设计注重形式，强调美学欣赏。自现代化城市的发展，人们崇尚自然美，景观设计不再单一，融入"自然体验"。从"看""闻""听""摸"的角度游览[1]。因此，让游人在环境中体验自然的设计，需深刻注重整体对各局部感观产生的效应。

城市生态学里公园绿地是指园内大规模的绿化，既促进氧和大气碳循环系统保持平衡，又能在城市范围内降噪、调节热岛和城市的温湿度，改善城市通风环境，净化水质、空气。绿地景观不仅使公园的生态环境具有观赏性，使人身心裨益，还能使城市功能达到一种良性状态。植物配置在美学上要求通过色彩、树形、空间层次的组合，使生物多样性达到丰富效果。一方面结合适地适树的方法，强调因地制宜、并以乡土植物种植方式布局。另一方面通过建立仿自然植物群落的生态情境，采用模仿或还原自然植物群落的形式。

体验者通过在自然环境中聆听美妙的声音，闻着清新的花香，看见丰富绚丽的色彩，与外界环境进行信息互换，从而产生更深层面的体验。通过这些体验活动让游人对自然产生美的享受与满足感，从而促进项目设施和体验者的交流与互动。

"社会精神"体现在公园公共景观中的艺术作品上，将艺术与自然、社会相融合，艺术形式上涵盖雕塑工艺、装置设备等，强调与公众的交流、互动表达出人们的生活状态。公园游园路规划上通过便捷的对外交通设计，

南京珍珠泉公园 / Nanjing Pearl Spring Park

南京珍珠泉公园 /
Nanjing Pearl
Spring Park

达到舒适状态。生态功能方面以最大限度地减少对环境破坏为前提，维持生态平衡。

自然体验设计应认真思考并结合场地现状的地形地貌特征、水体资源及特性，植物群落，尽可能地减少过分的人工空间，结合当地地域文化与人文特色提高空间的使用率，在场景的营造方面用景观元素围合出多元化景观空间，直观传达场地空间的信息，供体验者在自然环境中休闲娱乐[2]。

场地文化的民俗、传统、生活习惯等文明表现，是体验设计的精神源泉，为场地空间创造了丰富多样的设计元素。从铺装物料到场地空间，恰如其分将地域文化、自然环境融为一体。不同地域因素、气候差异、自然资源与人文因素影响着景观设计，使人们感受独特的、新颖的地域化自然体验。

南京珍珠泉公园公共设施在不同场地空间为游人提供不同行为活动需求，丰富场地空间的趣味性，成为空间场所的标志。景点标识设置在各场地中的重要景点处，空间导视系统在外形设计上以简洁、自然的风格为主，主要用石材、木材料等，符合整体的设计效果。小品设施应与场地空间气氛融合，且美化公园环境。另外，公园中设有生态展示廊道，使游人心情愉悦。

公园一景 / View of the park

体验式景观 / Experiential landscape

近年来，参与性体验已成为游憩的重要环节，因此，自然体验设计在城市生态公园的景观设计中形成了突破性的方向，越来越凸显其重要作用。公园打造舒适的运动、休闲空间，维持公园生态自然平衡，在环境空间设计上注重绿化景观优化和雨水装置设施的紧密联系，让整体景观充满美学性和功能特性于一体，同时具有欣赏性。生态修复景观的营造使居民能够沉浸其中，有怡人愉悦的审美体验，并对环境的认知和行为带来改观。在一些休闲活动场地的边缘地带打造多样化的体验，为未来创造更多的活动空间。

参考文献

[1] 潘昊鹏，田禹，任宏. 构建城市生态休闲新高地：以青岛浮山生态公园景观设计为例 [J]. 城市住宅，2018，25（9）:41-45.

[2] 罗翠翠. 合肥南艳湖城市生态公园自然体验设计研究 [D]. 北京：清华大学，2013.

7 植物造景

Plant Landscaping

那些感受大地之美的人，
能从中获得生命的力量，
直至一生。

——蕾切尔·卡逊《寂静的春天》

　　植物以其自然生长的色彩姿态、四时不同之景象、人格化的特质以及浓厚的人文色彩，成为了城市景观中最具生机与活力、最富有生态价值的元素；植物是自然生长的个体，具有生态的属性；同时，由于植物与人之间的关系，植物也拥有人文艺术价值。古往今来，植物一直是文人墨客们笔下描摹的对象，而反过来，人为栽种的植物也在不同程度上反映出人们的审美情趣、艺术造诣。植物既是自然生长的物体，也是人们用于艺术创造的工具。然而，随着经济社会的快速发展，现代都市中的植物景观呈现出了越来越多的问题，主要表现为雷同、无序、粗陋、乏味，只有经过设计师的耐心调研、仔细探究以及精心搭配，才能创造出既适应生态气候条件又符合场地场所精神的高艺术价值的植物景观。因此本章以城市植物的美学属性为研究对象，探究在不同视角、不同气候与文化条件下，植物景观设计方法的可能性。习近平同志在 2019 年中国北京世界园艺博览会开幕式上曾说过，我们应该追求人与自然和谐。山峦层林尽染，平原蓝绿交融，城乡鸟语花香。这样的自然美景，既带给人们美的享受，也是人类走向未来的依托。无序开发、粗暴掠夺，人类定会遭到大自然的无情报复；合理利用、友好保护，人类必将获得大自然的慷慨回报。我们要维持地球生态整体平衡，让子孙后代既能享有丰富的物质财富，又能遥望星空、看见青山、闻到花香。

植物造景　Plant Landscaping

城市公共空间植物色彩组合研究重塑

/ 臧洋　张路南　丁山 /

　　城市公共空间作为城市中人们交流最多的场所而被人们日益重视，本着以人为本的发展理念，越来越多的城市规划者意识到公共空间能够带来各种收益。而植物则是城市公共空间中最具生命力的因素，种植不同的有色植物，结合不同的功能需求，可以营造出不同的空间氛围，创造舒适宜人的空间环境。

　　在我们生活的世界里，所有的一切都与色彩息息相关，我们的情绪会不自觉地被周围的色彩所左右。对于设计人员来说，如何使用颜色达到设计的最佳效果，就成为了一个非常重要的因素。同样是五彩斑斓的植物景观，能更进一步打动人心的，就是色彩运用好的植物景观了。使用丰富的色彩能够

绿意盎然的街道 / Streets covered with green plants

192 / 将自然引入城市

使植物景观具有情感色彩，给人强烈的视觉冲击力。不是简单的植物堆积，而是渲染出一种色彩氛围，创造五彩斑斓的植物景观。植物景观的设计需要将色彩与形态相结合，才能更好地发挥色彩对比的效果。但是在进行色彩对比时，有可能使这个空间的色彩无法与周围相和谐，因此，在设计时需要把周围的环境考虑清楚，根据不同的需要，设计出不同风格的色彩组合。

色彩是通过光的反射被人们所认知的，当光线发生变化时，映入我们眼中的色彩随之变化。路易斯·康说过："光能够给予其他一切事物存在感。"由此可见，光与空间与植物都是紧密联系的。同样，色彩和形态从来就没有分开过。色彩的存在加上线条的理性成为一种最打动人心的视觉整体力量而共同存在着。光线可以改变植物色彩的效果，同样地，植物也可以因为其本身的颜色而改变一个空间的光线感觉。例如温带地区的光线会带有微微的蓝色，在这样的光线下颜色的区别会十分明显。颜色较淡的植物会变得浓烈，而本身就浓烈的越发明显。太阳下山的时候，太阳变成红色，颜色的区别会十分得显眼，植物的颜色会逐渐地变化为紫色，最后变为黑色。淡色的白色植物却会在自然光消失后持续发亮。所以利用这一点，可以很好地让比较阴暗的城市空间提亮。当一个城市公共空间有些角落处需要亮化，或者一些庇荫的墙面以及水池边乔木下阳光相对较少的地方都可以运用黄色花或叶的植物。

城市中植物的颜色有很多种，比较常见的暖色调颜色有黄色、橙色、红色、粉色等。每种暖色调的颜色虽然都各不相同，但是，总体上来说都

不同光线下的植物 / Plants in different light

能够给人带来温暖、使人舒适。常见的暖色植物有银杏、红枫、樱花、金叶槭、红叶石楠、蔷薇等。

相对于暖色调，冷色调植物也是城市公共空间中必不可少的，在很多特殊的空间里面，也只有冷色调植物最能够体现出这个空间的氛围与功能，常见的冷色调有蓝色、绿色、黑色、紫色等，常见植物有蓝羊茅、红豆杉、冬青、八角金盘、黑色沿阶草、薰衣草、紫藤等。

人们的情感可以影响对色彩的感知，这是毫无疑问的。很多人都会有这样的感觉，高兴的时候我们感受到的颜色比沮丧的时候感知的颜色要明亮很多。科学研究表明，我们在观察喜爱的东西的时候，瞳仁会扩张以便接受更多的光线；反之瞳仁会缩小限制光线的进入。色彩的心理功能事实上是由生理反应与心理判断，并通过联想或想象的共同作用而表现出来的。心理颜色的判断还要受到多方面因素的影响，例如：人的年龄、性别、民族文化、心理结构、经历、性格、情绪、情感等影响。因此，心理颜色是一种较为复杂的色彩现象[1]。

运用色彩来改变视觉空间感知的重要原则是：浅色系、暖色调和明亮的色彩会显得较近，冷色系的颜色如暗绿色和蓝色，会显得较远。在设计植物景观时，这一色彩原则的运用很重要。把最抢眼的色彩布置在人流量最大的区域，把最黯淡的色彩布置在离边界最近的区域，这样可以使人们的空间感知更有层次。城市公共空间还需要根据不同的功能需要来确定各自不同的氛围：宁静、祥和的氛围适合配置大量的蓝色和含有蓝色的冷色

不同色彩的植物景观 / Different colors of the plant landscape

色泽艳丽的植物品种 / Any of various brightly colored plants

系植物；活力四射的氛围适合红色、橙色的植物；典雅、高贵的氛围可以运用各种绿色配合上各种造型美丽的景观小品。

为了使植物能够更好地装点我们的城市，首先，应该加强引进外来的植物物种，特别是彩色植物，并做好相关的植物基础性研究工作，以保证外来物种在当地的成活率。在不同环境条件下因地制宜地种植上相应的植物，为植物色彩组合的产生提供更多的条件。

再者，要加强生态学思想，植物色彩组合不能只停留在表面，这种科学的生态观念应当得以重视。

最后，相关部门应当发布相应的政策来扶持植物色彩组合的研究，使人们舒适和谐的生活环境得到保证。植物色彩包含的范畴十分广泛，需要研究诸多方面的知识，并且进行大量的调查。在今后的城市公共空间植物色彩设计中，我们应该更加注重城市参与者们的感受，让他们参与到设计中来，多听取他们的意见。

参考文献

[1] 邢庆华. 色彩 [M]. 南京：东南大学出版社，2005.

让自然唤醒城市——植物多样化的艺术性创造

/ 张由丽　张路南 /

　　随着城市化的快速发展，人们对于拥有一个自然生态的景观环境的渴望愈发强烈，城市提供给人们的应该是一个人性化的空间。城市空间中植物景观的特殊意义，实际上是协调人与自然、人与城市的关系。景观设计是人的思想活动，通过各种艺术创造形式来表现出不同的景观艺术风格，当代景观设计的本质是不断向自然环境的回归和对自然的尊重。植物景观的艺术价值反映的是一种综合的文化现象，目的在于创造更多顺应自然、包含文化、拥有独特韵味的景观环境，发掘更多的自然美元素，让植物走进生活，让自然走进我们的城市。

　　近年城市生态环境日益恶化，城市生态景观严重滞后了我们的生活，把自然引入城市已经成为现代景观设计的主流思想。植物是生态系统的基

自然与城市 / Connecting nature with city

植物的艺术化创造 / The artistic creation of plants

础，而植物景观填补了城市景观与自然景观之间脱节的空白。自然生态已经是现代城市景观设计中最基本的理念，把自然引入城市、挖掘自然景观的美学功能是一块全新而有意义的设计领域，植物作为这个领域中最根本的因素有着不可忽视的潜力。它的造型、质感、色彩、配置方式无不彰显着美学功能在植物景观打造过程中所展示出的巨大创造力。

在现代社会中，植物景观的设计不能只局限在经济实用功能，而是要意识到形成的景观必须是美的、愉悦动人的、满足人们审美特性的以及对美好事物的心理需求的。不同的植物具有它的形体美、色彩美、质地美、季相变化美等。人们欣赏植物景观是情感、想象和理解的活动，是由心理到生理的一种触动，景观植物有群体的美、个体的美，更有细节的特色美，而这些都是由植物的结构组合在人们心中产生的感应。

艺术与设计在本质上反映的是同一概念的问题。艺术是通过塑造形象反映社会生活的一种社会意识形态，属于社会的上层建筑。景观设计就是艺术与设计的各个门类在现代化的环境中，经过痛苦磨合从而融会贯通后产生的综合艺术设计类型。植物景观是一个城市物质文明和精神文明的体现，是一个城市的名片，也是人与自然相融合的体现。城市植物景观的设计是人们亲近自然的最高形式，而这一切都离不开设计与艺术的结合。

植物景观设计本身就是一门艺术，它与其他艺术形式之间有着必然的联系，景观设计从艺术中吸收了审美思想、审美符号和形式语言等，现代城市植物景观设计从开始就是从各种艺术形式和理论中吸收丰富的理论知识，艺术又为设计师提供了最直接、最丰富的灵感源泉。但植物景观设计与纯艺术不同，植物景观设计面临更复杂的社会问题和人们的使用问题，所以作为景观设计师不能忽略这些问题而盲目地追求艺术美，景观应该可以成为表现艺术思想的载体，可以通过多种艺术形式表现在城市建设和人们的生活中。艺术家通过艺术创作来表现自己的审美感受和理想，植物景观设计的艺术是把人居环境设计得更加完美自然，使环境质量得到改善，做到可持续发展。植物景观设计中表现的艺术功能性主要表现在以下两个方面。

一、植物艺术的感化与教育功能

艺术一直以来都具有净化心灵的效果，植物景观设计同样具有潜移默化净化心灵的作用。人们在欣赏植物景观的过程中会减轻生活中带来的紧张情绪和压力，弥补了生活中的单调，保持和恢复人们心理的平衡，同时也对完整人格的形成有一定的影响。

二、植物艺术的改造功能

植物本身就是一种三维形式的存在，因此植物也可以像建筑、山水一样引起空间的变化。城市植物多样化可以有效地改善城市环境，城市绿化植物的多样性，是大自然生物多样化在城市地区的具体反映。植物多样性

城市与自然的和谐关系 / The harmonious relationship between city and nature

植物的艺术功能 / The artistic function of plants

的生态功能价值是巨大的，它在自然界中维持着能量的流动，净化着环境、改良着土壤成分、涵养着水分、调节着小气候等多个方面，发挥着无法取代的作用，丰富多彩的植物和植物改善的环境是人类赖以生存的条件。

　　生态城市是城市化发展的必然结果，城市只有走生态化道路才能实现真正的可持续发展，人居环境质量才能提高和人类生存才有保障。城市绿化建设中植物的选择和配置要始终坚持适地适树的原则，综合运用植物的多样性，考虑城市的用地结构，以改善城市生态环境质量提升绿化面积为目的。城市功能和生态功能的结合作为一个过程而不是一个例外，取决于自然和城市系统如何共存于城市的认知中。以生态为基础的城市景观营造手法首选要求要把城市看做自然的一部分，真正的尊重自然、尊重生态环境。在做城市规划时不孤立地看待人和自然，需要意识到人不是现代生态系统中最重要的生物。这种城市规划设计可以使自然过程在更生态、更健康的状态下进行，让地域生态系统中的人和自然是彼此合作的关系。

中国传统园林景观中的植物造景之美

/ 李博峰　夏溢涵　张路南　刘力维 /

　　中国传统园林历史深远悠久、内涵丰富、个性鲜明，是世界园林景观中璀璨的瑰宝。中国园林崇尚自然与文化美的结合，造就了中国园林植物景观特殊的造景方式。传统园林注重植物艺术美及意境美的营造，通过独特构思，营造宜人怡情的景色。

　　中国传统园林委婉含蓄，力求呈现诗情画意般的景色。"虽由人作，宛自天开"的境界在中国传统园林中得到了充分诠释，花木山石、亭台楼阁等这些元素被设计者淋漓尽致地表现在每个环节之中。山石花木之美回味无穷，令人触景生情，因此中国传统园林在世界园林中有着独特地位。中国传统园林在世界园林景观体系中别具一格，除了各种精妙绝伦的建筑设

不同的园林元素 / Elements of Chinese classical gardens

计之外，植物的运用更是极富代表性。此外，中国传统园林强调"天人合一"的精神境界，因此创作注重展现自然之道，追求纯朴归一，师承自然。

植物造景指在园林中应用植物，以其生物学、生态学以及园林学的特性为基础，遵照科学技术性、文化艺术性、空间时间性以及经济性原则，因地制宜地与其他园林元素结合，创建符合生物学、美学要求，功能与审美兼备的景观空间。植物造景一般选择乔木、灌木、藤本、地被植物等，由设计者根据实际空间环境选择恰当的植物品种以求最大程度展现出植物的姿态美、色彩美、空间美等。

传统园林中，建筑与植物之间相互穿插、交融布局，使建筑与植物有机协调。植物犹如建筑的衣裳，装饰、柔化其生硬的线条，令建筑环境更具意境与生命力，同时植物还可丰富建筑的空间层次，增加景深感，突出建筑主题。中国传统园林布局细致精巧，景致变幻无穷，令人目不暇接，不禁感叹设计者独具匠心的景观设计手法。而其中植物造景与园林主题紧密相连，深受中国悠久的历史文化精神影响。

一、植物造景与园林主题

中国传统园林中，植物常被"拟人化"以表达人们的精神思想，许多园林主题均与植物有关，以植物景观命名的景点和园林建筑数不胜数。以

园林构筑物与植物 / Garden structures and plants

厅堂前大片荷花景色闻名的苏州拙政园远香堂，在盛夏时节，满池荷花飘香四溢，令人心醉。

二、植物造景与中国历史文化

从古至今，咏树颂花的诗词歌赋无数，诗人常常寓情于景将中国悠久的历史文化渗透于植物景观之中。在长期的文化思想熏陶下，一些园林植物被烙上了浓重的中国文化观念印记，例如梅、松、竹、菊。

植物作为自然界中的一分子，能够体现"人与天调，天人共荣"的原则。传统园林中建筑不论其性质功能如何、数量多少，都力求与山石草木

园林植物之美 / The beauty of garden plants

传统园林语言的现代化创造 /
The modern creation of traditional garden language

这些元素相互组织成景。中国传统园林中，植物配置使用丰富且运用恰当，营造出宜人风景。其重点表现在：

①设计者对园林植物生态习性、外部形态以及植物内在精神的深刻认知，欣赏植物个性美，多孤植且极少修剪；

②师法自然。仿效自然，将植物景观栽植园中，且无论景观区域面积大小，都尝试"三五成林"，力求"咫尺山林"之美；

③植物与园林其他元素紧密配合，无论山石、水体亦或建筑，以植物点睛，增强景区氛围。建筑永恒，而植物会随季节、年代的变化而变化，赋予建筑以时间和空间的季候感，增加了园林景物中静动之美感；

④植物可协调自然空间与建筑空间，在建筑空间与自然空间中科学选择观赏性好的花草树木，通过前期科学栽培与后期恰当养护等方式，充分利用植物独特的姿态与质感，软化建筑物突出的体量与生硬轮廓。

中国传统园林历史悠久，涵括着无穷无尽的文化与美学，植物作为园林环境中的主体之一，以丰富多彩的组合形式，千变万化的色彩，形成不同的景观氛围，展现多彩的画面。如今随着时代变迁，园林景观已有了更多更新的发展，但这并不够，还需要不断地学习深化，才可将这一魅力瑰宝更大程度地展现在世人面前、应用到更多的现代造园技术上。

植物造景　Plant Landscaping

植物景观在城市空间中的艺术语言

/ 陈黄春　张路南　丁山　刘力维 /

植物塑造而成的空间 / Space shaped by plants

　　在我国，对植物景观的实践已有了几千年的历史，涌现出众多优秀的艺术作品，这些作品在构景规律和园林审美意境追求等方面都取得了突出的成绩。植物景观在维护生态平衡、创造优美环境和空间意蕴审美中都起着非常重要的作用。在物质富裕的社会中，人们对植物景观的需求是多方面的，而植物景观的塑造也要尽量满足不同人的需求，形成多层次的景观造型。但仅关注生态性是不够的，植物景观还拥有着文化、精神、艺术的价值，而将各种深层的追求外化为植物景观更具十分重要的意义。艺术对于植物景观设计而言，不只是一种形式语言借鉴的意识来源，而是一种思维的方式，是我们追求的至高境界。

　　植物景观属于软质景观，它是以城市空间中植物为基本素材，运用艺术手法营造某种意境或某种用途。在所有构成城市景观的元素中，没有哪一种元素能像植物一样具有生命性和变化性。植物随着季节和生长不断地改变其色彩、体型以及全部特征，因而当用植物材料来组织空间、构成景观时，则充满了无限的生机与美感，使人们在拥挤、枯燥的城市空间中感受到生命的律动，享受到"回归自然"的心情[1]。

人与人之间的交流需要通过语言，植物与人交流同样通过一定的语言。植物通过其色彩、树形、疏密、姿态表达着一定的艺术语言，给人视觉上和精神上美的享受。这种语言超越了现实世界而进入了人类的精神世界，有效地克服了常规语言的局限性，营造了独特的审美心理时空，蕴含着主体独特的体验、情感和深层审美信息，它追求的是语言的表情功能和美学功能，最大限度地释放出语言的审美潜能，使欣赏者获得更高、更深层次的审美享受。

植物景观在城市空间的艺术语言是以熔铸的景观符号与形态元素为表达方式，以丰富的自然景观和人文景观为物质基础，蕴涵着历史文化与人生哲学的意味，表现着人的情感和活跃的生命力。城市植物景观的艺术语言包含以下三个层次的含义。

一是植物景观所表现的艺术语言，是物质和非物质层面的景观信息传递给人以后所形成的知觉表象，属于植物景观意蕴的实境中的物质成分。

二是融入了人（创作者与游览者）的感受、理解、感情、情趣、氛围、气韵的意蕴，具有较强感染力和生命力，与植物景观的物象共同构成了植物景观的艺术语言，是植物景观意蕴的表层结构，称之为实境。

三是前二者触发的丰富的艺术想象和联想，即象外之"象"，具有无限

人文化的植物景观具有了传达艺术语言的作用 /
The plant landscape of human culture has the function of conveying artistic language

植物景观的意蕴 / The artistic conception of plant landscape

的丰富性和延展性。这三层含义是浑然一体、不可割裂的。

　　植物景观意蕴的生成，不仅需要物质的载体，而且需要人的情感和精神活动。所以完整的植物景观艺术语言的概念应当包括作者之境，作品之境和赏者之境。城市空间中植物景观的设计是重建空间秩序的过程，在这个过程中，设计师利用植物和城市景观既有的其他物质元素，融入自己的思想与情感，创作出独特的植物景观的艺术语言。

一、作者之境

　　作者之境指的是"胸中之竹"。设计者在对作品进行设计之前，必须对作品所要表现的对象做一个全面的了解，是所谓"意在笔先"，这时的作品，在作者的心中已经得到了第一次升华。对于植物景观，经常会有一点特殊性。作者首先要作为一个读者，去理解与感悟，从而产生观赏者的意蕴。在这样一个观赏者的意境上叠加新的感情、联想与想象，最终形成新的作者所要表达的意境。因此，植物景观的作者，首先是一个赏者，而植物景观的作者之意蕴，其实已经是作者之境与赏者之境的辩证统一体了。

二、作品之境

　　作者之境和作品之境分别反映了意蕴表层结构的虚实两面。作者想表达的意境应当说是一种虚境，是作者精神世界的产物，但是如果不借以物质的外形，别人是无法知道的。因此作品是作者之境内化于作品之中，通过一定的形式表现出来，是融情入景的产物。作品之境指的是"心灵的东西借感性化而表现出来"，虚无的"作者之境"有了作品这个可以依托表现的物质基础，而作品这个原本纯物质的东西，也因为凝结了创作者的意境，因此成了有"生命力"的意蕴的载体。和植物景观的作者之意境类似，植物景观作品之意境也含有双重的意义，它包含了既有植物景观本身的意蕴和经过组合后新获得的意蕴。

三、赏者之境

欣赏者面对一件艺术作品时，由于其生活阅历、文化背景等的相似，他们或许能感受到作者的部分思想感情，或许能领略到全部的创作意图，或许甚至超出了作者之境，进一步升华了作品的意蕴。但有时，因每个人的人文背景的不同，或因为时间、地点、情况的不同，导致形象者领略的意境与上述的两种意境完全不同，产生全新的意蕴和语言。

在城市中的同一个空间，应有统一的植物风格，或朴实自然、或规则整齐、或富丽妖娆、或淡雅高超，且风格和语言统一更易于表现主题的思想。但除突出主题的植物风格外，也可以在不同的场所，栽植不同特色的

植物景观的意蕴 / The artistic conception of plant landscape

植物，采用不同的风格，形成各具特色的艺术语言。植物景观设计并不只是要"好看"就行了，而是要求设计者除了懂得植物本身的形态、生态之外，还应该掌握植物所表现的神态及文化艺术、哲理意蕴等有相应的学识与修养。进行植物栽植时应加上设计者赋予的文化内涵——如诗情画意、社会历史传说等因素，加以细致而又深入的规划设计，这样才能获得理想的艺术效果，才能更完美地创造出理想的城市植物景观的艺术语言。

参考文献

[1] 应立国，束晨阳. 城市景观元素（2）：国外城市植物景观 [M]. 北京：中国建筑工业出版社，2003.

江南古典园林片石山房的植物景观设计

/ 王子豪　刘力维 /

　　片石山房是一处初始建于明代的中国古典园林建筑，现位于扬州城南花园巷，又名双槐园。园以湖石著称，园中湖石假山据陈从周考证为石涛和尚叠石的"人间孤本"。清光绪九年（1883年）何芷舠归隐扬州时被其购得，与寄啸山庄一起形成前有小花园、后有大花园的园林宅院格局，并扩建为何园。后来何家举家迁至上海二十余年未遭到大规模人为破坏，但因年久失修，建筑颓败、片石山房贴壁假山存在坍塌现象，后因办学需要被何家后人变卖。新中国成立后何园收归国有，因国家建设的需要，何园遭到较大规模的破坏，片石山房尤为严重，仅存西侧的贴壁假山和一株古

中国何园水心亭 / Shuixin Pavilion of He Garden, CHN

松。1979 年以来，何园逐步收回部分土地，而片石山房在 20 世纪 90 年代吴钟肇先生的指导下由扬州古建园林院复建而成，植物景观也得到了系统地提升。现在全园占地面积 14000 余平方米，建筑面积 7000 余平方米，而片石山房占地约 700 余平方米，其历史形成、继承保护过程中的生态园林景观特色颇为鲜明[1]。

在中国古典园林的植物配置中，假山置石源于自然，应反映自然山石、植被的状况，来增加自然情趣。自然式园林的骨架是由山石和植物所撑起的，合理而又自然地配置植物和山石是十分重要的，而片石山房就是以湖石著名。片石山房内利用太湖石进行假山置石，步入园门便是特置的叠石，以白色粉墙为背景的湖石上攀援着地锦和常春藤，每至夏季郁郁葱葱、生机勃勃，周边用常绿的麦冬和枸杞镶边，突出了叠石的形态之美；西面太湖石堆叠的山石花坛，中间丛植槭树，边缘配以迎春、沿阶草，既与墙外青绿相应，又起到多样统一的效果；院内群置的叠石主次分明，重心明确，山腰紫藤盘根垂蔓，生机盎然，麦冬、芭蕉、女贞组合置于石组周围，填补周围石组的空缺、软化湖石轮廓，使石组景观左右均衡。

提到古典园林，那么水便是其中最为重要的组成部分，水体给人以清亮、洁白之感。古今中外的园林，无论大小、样式，水体都占据着十分重要的地位，片石山房自然也不例外。片石山房内的水系均为硬质驳岸，须要适当地植被造景进行优化处理达成水域和路面的天然过渡，片石山房巧

片石山房景观 / Landscape of Stone hill house

妙地运用了水面植物和池边植物进行造景，水面上种植着睡莲，静谧、苍翠，而又蕴含野趣。池边水面种植了些许菖蒲和梭鱼草，衔接了水面和路面，丰富了竖向景观，挺水植物还起到净化水体的作用。

　　建筑本身可能富有美感，但终究缺少些许生气，如果再配以植物那就不一样了，植物丰富的色彩，柔美的姿态，多变的线条都可以给建筑物增添生气。片石山房内的建筑形式多种多样，有厅堂、亭轩、廊，不同的植物配置对园林建筑的景观有着不一样的作用。先是色彩，园中楠木厅前，水系东岸孤植一颗紫薇，树姿优美、树身光滑、花色艳丽，花期正值夏秋少花季节，有诗云"盛夏绿遮眼，此花红满堂"可见其出彩，通过植物的自然色彩和形态更加突显楠木厅的人工硬质材料组成的规则建筑形体。其次是光影，植物特色的形态造就了特别的光影效果，园林建筑在巧妙的植物配置下若隐若现，可以形成独特的层次。此外，片石山房的建筑空间周围运用到了低矮的灌木和草本植物软化建筑的基角，使用花坛和盆景，使室内外空间自然过渡。园子的围墙也通过攀援植物，如凌霄、地锦、紫藤等装饰和点缀氛围，南面院墙外还有泡桐的枝叶深入园中，更使园内外空间浑然一体。

牡丹亭景观 / Landscape of Peony Pavilion

植物造景结合植物的自然生态美原则充分体现了园林植物景观的时序性，即植物景观的季相美这一要求。植物的季相美体现了植物生态周期内不同时期不同的景观效果和变化，绘制了一幅幅美好生动的植物景观画面。在植物造景的季相变化中，非常重视"冬青、秋果、夏荫、春花"的配置手法，做到四季有景可观的植物景观。利用植物的生态特性，结合人们的思想，创造出春意盎然的植物景观，正是这类植物的自然生态性赐予了园林植物造景景观变化多彩的季相美。

客观规律是植物造景必须满足的条件之一。植物造景的基础包括既要掌握植物的生态环境又要熟悉植物的突出特征。如果植物与种植地点的自然生态环境和生态不能相互适应，那么必然很难长久的存活或者说不能良好的生长，这样就很难达到预期的艺术效果了。古代人因为注意到这点所以造园时因地制宜，布局合理。特别是现代园林想要创造出良好的植物景观效果，那么就必须在植物设计的时候考虑当地的气候条件以及土壤等等各个方面的条件，合理的栽种植物，这样才能到达预期的效果。同时你所用的造景植物与周围环境要统一，和当地的山石，建筑，自然或者人为景物相统一，这样形成一个风格迥异，层次分明的植物景观[2]。

参考文献

[1] 王海燕，张玉顺，何小弟. 何园的生态园林特色景观 [J]. 园林，2017（10）：74-78.

[2] 沈慧. 扬州何园造园艺术研究 [D]. 扬州：扬州大学，2014.

植物造景分析——以水花园为例

/ 成明　朱宇婷　丁山 /

　　水花园所在的情侣园位于南京市玄武区玄武湖东畔，太平门外龙蟠路中段。情侣园南部与玄武湖相邻，东部背靠紫金山。它由朱有芥先生亲手规划设计，该园植物种类特别，原为药物园，通过选种药用价值高和观赏价值高的当地野生药用植物资源为主要造景材料，经过和谐巧妙的搭配，成为一座名品荟萃的经典园林。后来随着人们品位的提高，该园越来越受情侣喜爱，1993 年应市民需求正式更名为情侣园。所选采样区域位于情侣园入口区域，紫荆花雕塑左部，为沿河木栈道周围 400m² 水花园区域。

　　通过调查，统计出该园林植物共有 54 种。其中乔木 14 种，包括香樟、枫香、刺槐、国槐、乌桕、枫杨、垂柳、杨树、鸡爪槭、海棠、紫薇、女贞、杜英、桃。灌木 9 种，包括杜鹃花、溲疏、六道木、迷迭香、丝兰、金边黄杨、醉鱼草、金丝桃、红花檵木。草本 26 种，包括络石、玉簪、藜、鸢尾、针茅、马蹄金、诸葛菜、白茅、粉美人蕉、千屈菜、香附子、紫娇花、五节芒、莎草、沿阶草、金丝草、吉祥草、八宝、菰、马蔺等。水生植物 6 种，包括蒲苇、菖、睡莲、香菇草、再力花、东方香蒲。

水花园入口紫荆花雕塑 / Bauhinia sculpture at the entrance of water garden

植物可以丰富、软化、过渡零碎的空间，增加尺度感[1]。园林景观很讲究高低对比，错落有致，除行道树之外忌讳高低一律，要遵循植物自身的生长规律。在环境中将大乔木、小乔木、大灌木、小灌木、草本等按其生长需求进行群落配置，从而自然分层，区别于均匀的波形曲线，而是形成优美的天际线。该绿地将香樟、国槐、乌桕、垂柳等高大喜光乔木进行单棵种植，增加整个群落的高度；鸡爪槭、海棠、紫薇、女贞、杜英等小乔木以排列、散布的方式种植于次一层；灌木杜鹃花、溲疏、六道木、迷迭香等和沿水岸缓坡种植的水生植物蒲苇、菖等，种植于下一层；络石、玉簪、藜、鸢尾、针茅、马蹄金等低矮植物种植于最底层，睡莲等浮水植物漂于水面，种植于负一层。群落的垂直结构丰富，有五重景观——高大乔木、灌木、花灌木、花卉、草坪组成，园地景观层次错落有致，林缘线清晰，形成一道优美的天际线。

园林植物的色彩美着重体现在树叶和花朵的色彩上，虽然叶片多为绿色，但绿色的明度变化和色相变化均有不同，如垂柳的黄绿色和迷迭香的深绿色的区别，叶上花纹也不一，除了在树种差别上的变化外，还有一年四季中叶子颜色的变化，春秋时色彩变化更为繁多，也不乏众多季节色叶穿插其中。花朵的颜色更是缤纷鲜艳，如红黄蓝三原色组成的色谱，对比鲜艳。

该绿地一年中有 10 个月都可观花，绿地引人入胜之处就是运用不同植物营造的季相美。有睡莲的白色、鸢尾的粉色、再力花的蓝紫色、菖蒲的黄色等，这几大色系构成了绿地色彩美的主要内容，运用色彩的协调和对比获得了宁静、稳定与舒适优美的环境。

植物高低错落 / The plants are scatcered

院广堪梧，堤湾宜柳[2]。不同的植物种类适宜生存的环境不同，植物造景种植选用的植物种类只有和周边环境生态相适应，才能存活和生长良好，景观才能营造得优美舒适。经调查，发现水花园草本地被植物众多，充满田园氛围，给一直生活在都市的疲惫人群一个度假之地。绿地充分利用湿地资源，沿河岸群植鸢尾、再力花、香菇草等喜湿草本，还有菖蒲也植于浅水处，五月花开时绚烂迷人，岸边的芦花秋季生絮更给此地平添一份野趣，西部水面宽阔，有睡莲浮停，花开白色，香远益清。乔木和灌木的选择上也皆有考究，多为喜水湿植物。植物群落的乡土树种是最能体现园林地方特色的材料，适应性和抗逆性强，与外来物种相比具有对当地环境最高的适应能力，能有效保持植物的生态机能和塑造稳定的植物景观，更能体现出绿地和整体环境的协调性。调研绿地乡土树种占总数1/3及以下，外来植物与乡土植物比例为2∶1，乡土植物所占比例不高，不利于植物景观和群落的可持续发展。从长远的景观效果来看，多栽植乡土植物，不仅可以对城市生态系统的健康发展形成保障，还可以有延续历史文脉、体现城市文化特征的作用。植物以其天然的、由自然成因构成的景观为蓝

颜色搭配美不胜收 / Beautiful color matching

雨后蜗牛出没 / Snails come and go after the rain

本，和周围环境完美融合，达到"虽由人作，宛自天开"的景观效果[3]。

　　同时，经统计，发现调研绿地落叶植物种类较多，开花植物较少，冬季可观赏景色骤减。无适合冬季观赏的植物，视野缺少亮点。水生植物种类较少，占总植物数量的十分之一，池塘中的景观较为单一，可适当减少同种植物数量，增添水生植物种数。在植物养护方面，绿地枯落物、杂草和水中富营养化的藻类未能做到及时处理，灌木生长也较为杂乱无序，植物的浇灌系统较为落后，浇灌时大水横流，不及时中耕松土，会导致土壤板结，也影响使用与观赏。可采用喷灌或滴灌浇水，控制温度和湿度，省水省工并保持土壤结构。雨季水分过多时宜及时排水，以防烂根。注意除草和病虫害防治，定期给树木喷水洗尘。在系统上，为了提升精细化管护水平，展现更好的景观效果，一方面要构建完善培训体制，依托专业人员对绿地植被进行日常管理；另一方面要制订绿地绿化养护的规范和标准，建立长效考核机制，促使绿地景观可持续发展。

参考文献

[1] 孙筱祥. 园林艺术和园林设计 [Z]. 北京：北京林学院，1981.

[2] 赵爱华，李冬梅，胡海燕，等. 园林植物与园林空间景观的营造 [J]. 西北林学院学报，2004，19（3）:136-138.

[3] 苏雪痕. 植物造景 [M]. 北京：中国林业出版社，1994.

回归自然的城市植物园景观设计

/ 缪菁　丁山　黄滢 /

现代植物园已不再是简单意义上的植物培育和科普教育场所，而是更具观赏性，体闲性，娱乐性的城市公共绿色空间，每个城市都希望通过植物园建设将自然引入城市，使人们更亲近自然。怎样通过植物园的景观设计使游览者体味到自然的情趣，感受自然的博大，远离工业文明所带来的心理失衡成为了现代景观设计者急需探索的问题。就目前我国的植物园景观设计来看，普遍存在生态设计理念趋于落后、人工景观对自然环境干扰较大、自然原始属性和乡土资源保护不利等问题。因此，未来的植物园景观设计应以"回归自然，再现自然"为宗旨，营建从观光型向参与型发展，人工景观向生态景观发展，单一景观向整体多样化景观的发展规划。

一、崇尚自然——现代植物园景观的设计原则

1. 以人为本的功能性原则

创造美好的植物园景观环境要以人为本，合理开发，从环境心理学、行为学等角度科学的来分析大众的多元需求和开放式空间中人的不同行为趋向（behavior trend）与状态模式，来确定不同户外设施的选用设置及不同局域空间的设计策略，使不同年龄、不同职业、不同爱好、不同文化水平的游人都能各得其所[1]。造园者要最大限度地满足游人可望、可行、可游、可居的心理要求，使游客在高度自由的心境空间中释放身心，体验自然审美的乐趣，把植物园建设成为备受人们欢迎的集景观欣赏、休闲娱乐和科学文化熏染于一体的游览胜地。

2. 保护生态的科学性原则

自然式设计——与传统的规则式设计相对应，通过植物群落的自然化设计和地形处理，从形式上表现自然。在自然界中选择最美的景观片段加

以取舍，使我们能够通过开放空间的系统设计将植物园这一依附在城市边缘的自然脉络引入城市，开发一连串绿色空间。这不仅有利于重构日渐丧失的城市自然景观系统，而且能更有效地推动城市生态的良性发展。

乡土化设计——通过对植物园场域及其周围环境中植被状况和自然史的调查研究，使设计切合当地的自然条件并反映当地的景观特色。通过手绘"生态记谱图"的方法，把风、雨、阳光、动植物、自然地貌等自然物列为设计考虑因素，保护自然资源和地貌特征，使新的设计与原有地域特征有机融合，成为可持续发展的稳定型景观。

保护性设计——对区域生态因子和生态关系进行科学的研究分析，通过合理设计减少对自然资源的破坏，以保护现状良好的生态系统，恢复已遭破坏的生态环境。在设计中始终贯穿"3R"原则，即减少资源消耗（reduce）、增加资源的重复使用（reuse）、资源的循环可

现代植物园 /
Modern botanical garden

保护生态 / Ecological protection

持续发展（recycle）。

3. 展现自然的艺术性原则

植物园因其丰富的植物景观而产生独特的美感，景观设计就应该以更加艺术的手段来烘托植物的形色之美、意境之美，以及生命之美。充分利用植物的色彩、形态以及某些植物拟人化的特性来调配园中的景观，形成具有审美情趣的空间。

二、师法自然——现代植物园景观的设计内容

1. 原有自然景观的保护与维持

植物园的景观设计提倡通过分析基址所处的大生态环境、地形地貌特征、植被状况等因素，获得有关场所的重要信息，通过周密而全面的理性分析和科学概括，抽炼出能体现环境特质的肌理、形态、空间构成等内在因素，将其运用到整体景观设计中去。设计者要通过科学的分析，找出环境因素的缺失、失衡的种群布局等，通过景观设计师与植物学家、生态科学家的协作，弥补先前人为干涉对环境造成的伤痕，协调种群布局，最终还原良性循环的生态结构，并在设计中充分运用乡土植物、乡土材料，让景观更具地域特色。

2. 人工景观的自然化

人工景观是连接自然要素的纽带，它对自然景观起到点缀和总结的作用，也是欣赏自然景观的媒介，人工景观的设计决不能脱离自然环境而独立存在，应该与自然相连，为自然和人服务[2]。植物园的人工造景要根据自然资源和植被的性质、规模以及环境条件和审美需求，因地制宜的构景、筑景。可以遵循中国古典园林在处理人工景观与自然景观时的法则，自由随宜、因山就水、高低错落，以千变万化的组合形式强化建筑与自然环境的契合关系。正如《园冶》所述"轩楹高爽，窗户虚邻，纳千顷之汪洋，收四时之烂漫"，使人工建筑美与自然美融合起来，达到一种人工与自然高度谐调的境界[3]。

3. 对周边自然环境景观的借用

借景、隐喻、联想、影映等都是古典造园常用的手法，明朝计成所著《园冶》中"园林巧于因借，精在体宜。借者园虽别内外，得景则无拘远

近"是为借景。一般园林范围有限，为了扩大空间，丰富景观，增加变化，可将一些园外的景色组织到园林画面中来，成为园景的一部分。植物园优美的植物景观是景观设计最好的素材，景观设计师可以将其充分引入室内外的景观设计中，巧于因借，利用四时不同、景象各异的植物景观布置空间、组织空间、创造空间、扩大空间，丰富美的感觉，创造自然气息浓郁的景观。

三、对话自然——现代植物园景观设计的时间维度

植物园是以植物景观为主题，兼容了部分人文景观的自然带，这些原有的自然植被、乡土景观和人文景观都是记录该地区历史风貌变迁的物质载体。通过它们所传达的是该场所时间纬度的变化过程。因此在植物园景观设计中有机的保留、融合、更新场地内的景观资源，可以使植物园成为记录当地物种变迁的载体，使游客感受到时光交替和自然变迁，体验到多维度的特色景观。因此在景观设计中，我们在植物园景观设计中可以从现

自然化景观 / Naturalized landscape

有自然资源中提取抽象化的历史文化元素，重新使用、重新塑造，将其以符号化的语言设计到人工景观小品和视传传达载体中去，与地方景观特征和环境特征形成呼应，使场域内自然环境所蕴含的文化价值得以保持和传扬。这样产生的新环境才能表达植物园内自然植被所蕴含的文化脉络，发扬其人文精神，赋予空间生命力。

"青青翠竹，尽是法身，郁郁黄花，无非般若"。植物美的感受是一个"体验"和"悟"的过程。植物园景观设计的终极目标应是使景观能满足观赏者回归自然的需求、使自然与人工景观完美和谐，做到"虽为人做，宛如天开"的境界，使观者在与自然的互动中回归原始质朴的美心、萌生向善尚美的真心，获得身心的平衡，实现自我与自然的融合。

参考文献

[1] 骆天庆.近现代西方景园生态设计思想的发展 [J].中国园林，2000（3）:81-85.

[2] 王向荣，林箐.西方现代景观设计的理论与实践 [M].北京：中国建筑工业出版社，2001.

[3] 任晓红.禅与中国园林 [M].北京：商务印书馆国际有限公司，1994.

8 生态系统

Ecosystem

那我们不要陶醉于我们对自然界的胜利，
对于每一次这样的胜利，自然界都报复了我们。

——恩格斯

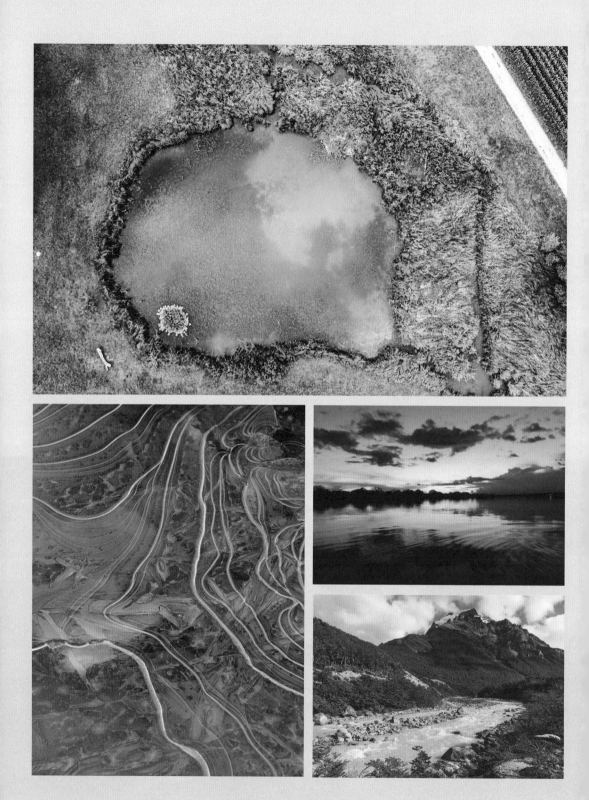

　　随着我国市场经济的全面发展，自 20 世纪 90 年代以来，我国进入了高速的城市化发展阶段，城市人口的急剧增加以及城市规模的不断扩大使城市全面建设发展的脚步逐步加快。城市化的大发展也带来了一系列的环境问题，伴随着城镇人口受教育程度的不断提高，城镇居民对于日常生产生活的环境要求也更为严苛，为满足人们日益增长的精神文化需求，提高城镇居民生活品质，改善环境问题，我国的城市景观设计行业紧跟着时代发展的步伐，在不断更新完善的城市生态系统建设内容下迅速发展。

　　景观设计的生态性一直以来都是城市景观设计研究的重点，景观设计作为促进人与自然沟通的重要手段之一，以人为本，为人的行为活动提供舒适性和便利性，同时也必须基于生态环境基础，以作为促进人与自然和谐共存的有效途径。

　　瑞典建筑师拉尔夫·厄斯金认为："气候作为大自然环境及人类生活空间的城市规划中的基本要素，气候越是特殊就越需要环境因素来反映它。"未来城市生态系统和微气候调节强调因地制宜，以绿色控制蔓延趋势，强调低碳环保的可持续发展的战略。力求做到注重自然环境、促进生态恢复的效果，使人与自然和谐共生。通过对人与自然空间、人与动物以及人际之间互动行为产生的空间条件研究，促进景观空间内自然、生物以及人之间的互动行为产生，来合理改造生态系统和调节微气候。

　　一个城市的文明，不仅仅是看它的城区到底有多繁华，而更重要的是看它城市生态系统的建设，反映了一个城市的整体水平。生态系统的建设美化了当地的风景，它同样也是一个城市景观的重要组成部分，提升了整个城市的形象。景观设计发展的一小步，往往能反映社会进步的一大步，建设生态系统与微气候调节是实现城市可持续发展的关键部分，是实现健全的现代化城市的先决条件，注重生态发展，完善城市景观体系，为十年、二十年后人们的生活质量打好基础。

特色旅游小镇生态景观艺术设计策略与方法

/ 吴曼　朱宇婷 /

　　党的十八大提出"大力推进生态文明建设"这一重要战略，努力建设美丽中国。因此，设计师应根据生态宜居、人与自然和谐、传承本土文化、生产活动与生态体验功能互补的设计策略建设特色旅游小镇生态景观，维护生态平衡，实现特色旅游小镇的可持续发展。

　　坚持"生态优先，绿色发展"，是为实现"生态宜居"打下良好生态基础。生态优先是指在社会、经济的发展中，优先保障生态效益，并考虑到各类设计对生态系统产生的长期影响。绿色发展是合理有效地地利用自然资源，防止自然环境与人居环境受到破坏。在设计中应尊重并保护场地内部现有的生态系统，减少对现有自然环境的干扰，从而利用生态系统的内部调节能力来维持生态平衡。同时抱有积极的建设态度，根据自然发展规

安徽宏村 / Hongcun, Anhui

律适当地改造、建设环境，真正达到人与自然环境的和谐共生[1]。

小镇本身就具有优越的自然现状与独特的区位特色，在快速化的城镇发展中不可被"千城一面"的人造景观取而代之。因此，尊重并保护区域内自然现状，保持其多样性与完整性，便成了特色旅游小镇生态景观艺术设计的重要原则之一。

自然山水是小镇区域生态系统的重要基础，维护自然山水的完整性，减少对山林、水体的破坏是尊重保护区域内自然现状的首要条件。根据"保护第一、生态优先、最小干预"这一基本原则制定保护设计方法。

注重原始地形地貌的保持，保护山林生态系统，其目的是为了确保生物多样性不被破坏，动植物在适当的人为干预下可以自我维持和自我恢复，从而发挥水土保持的作用。大量引进如行道树种、奇花异草等，这些缺乏与本土物种生物关系的外来物种，无疑将会干扰本土物种的生存环境。应保护名木古树以及现有树种，并以区域内原有植物群落作为基础，恢复地域性植被景观。

建造护岸林带加强水网河道以及周边生态环境的保护。保护水体生态系统内的植物也是涵养水源、保护生境的关键，继而促进生态系统功能的提升，为动物营造良好的生存环境。同时要按标准控制水体周围的农田果园农药、化肥的使用以及污水的排放。

在考虑如何尊重保护自然现状之后，应对场地内部进行生态性修复与完善性设计，将小镇发展与自然环境退化导致的断裂的本土景观肌理缝补修复。

保护自然植被，结合退耕还林和防护林建设等工程，加强对裸露地带植被的恢复以提高植被覆盖率；并划定生态敏感区域与旅游缓冲区，改造修复退化的生态系统，综合考虑生态效益、经济价值和景观效果，实现特色旅游小镇生态经济的健康发展[2]。

依据区域内原有植物群落的生态习性，不模仿城市景观中的树阵、模纹等设计元素，合理选用乡土植物，以原有植物群落结构和植被分布为基础，适地种树，打造层次错落、季象分明的植物景观；适量的选种一些具有食用价值的经济作物以供旅游者采摘、品尝，可为小镇带来经济效益。进而改善小镇生态系统与居住环境，建设出有别于大城市的特色旅游小镇生态景观。

自然植被与水系 /
Natural vegetation and water
system

乡土建筑 /
Vernacular architecture

河流水系为自然与人类的生命之源，具有丰富的自然物种，是复杂、有序、动态稳定的生态系统，因此对其进行生态性修复与完善性设计显得尤其重要。首先停止对河堤岸破坏性的建设，考察并记录流域内的淤积污染情况、河岸硬化情况、沿岸的历史遗迹以及乡土物种。随后根据不同情况，采取不同修复措施：疏浚河道、串联历史文化遗迹节点进行适当的旅游开发，还原被硬化的河岸，种植乡土植物结合景观美化恢复生态护坡，并对人类活动起到缓冲的作用。

特色旅游小镇的生态景观建设也应表现对地域文化的传承。地域文化是由自然环境、地理位置等差异而形成的，具有浓厚地方性特色的区域文化，主要包含物质性文化与非物质性文化。物质性文化如乡土建筑、乡土景观、历史遗迹等具有实际形态的文化形式；非物质性文化如民俗风情、地域性的方言、宗教信仰、传统技艺等无实际形态的文化形式。无论是物质性的地域文化或是非物质性地域文化，都应对其积极的保护与传承。保护是强调传承文化，传承是在继承的基础上再发展，在发展的过程中继承；而发展的本质是对文化的创新，对文化的提升发展。

小镇地域文化具有自然性、乡土性、民间性等特质，将其融合在特色旅游小镇生态景观艺术设计中，使旅游小镇的景观具有地域特性与人文特性，形成可识别的特征，将抽象的地域文化转化为可被感知的艺术视觉体验——环境景观空间形态[3]。地域文化是景观设计的艺术体现、生命体现，只有在其指导下的景观空间、景观小品、旅游项目设计才能体现小镇特色，而不是停留在表面层次的文化"符号""部件"的搬移。保持旧区风貌、路网空间肌理、街道、景观节点、旅游项目场所的设计都应在统一整体的镇域风貌下展开。但若拆除原有建筑，再盖建新的"旧房子"便会失去保护地域文化、原乡风貌的意义。因此在地域文化保护的基础上，应对现有环境进行合理利用、改造、再发展，形成延续性的小镇景观，给予新环境深厚的地域文化内涵，也使游客在小镇旅游过程中，不自觉地体验并传承小镇的地域文化。

特色小镇生产活动与地域文化结合到新的景观和旅游项目中进行保护与传承，让游客参与农事活动，如：农作物种植、蔬果采摘、农产品加工制作、动物饲养、垂钓等，还原原有的生活方式，体验农家乐趣；体验民俗风情，如民俗表演、节日庆典、民间手艺等，供游客领略独特的小镇魅力。

通过保留小镇的生产活动，挖掘地域文化特色，发展小镇特色旅游业，增强人们的参与性，形成生产活动与生态体验的互补，从而最大化实现经济效益、生态效益、社会效益。

参考文献

[1] 王潞，李树峰．旅游伦理、旅游环境保护与旅游可持续发展关系探讨 [J]．河北大学学报（哲学社会科学版），2009，34（2）:62-65.

[2] 赵小汎．乡村旅游景观资源生态规划 [M]．北京：科学出版社，2016.

[3] 邵兰兰，段渊古，王敏，等．基于生态理念下的景观更新设计探讨：以黄龙溪镇景观更新为例 [J]．西北林学院学报，2013，28（4）:213-217.

城市边缘区景观空间

/ 殷青　房宇亭　丁山 /

　　城市边缘区景观作为一类新型的景观类型，分布很广，只要在城乡交接的地方，该景观类型就以其独立的景观形态存在着。当然，边缘区景观还面临着一系列由城市化进程所带来的负面影响，除了景观体系零碎、层次单一、布局不够合理、污染严重等问题之外，还面临着自然、半自然景观退化的问题。在城市往外扩张的初级阶段，城市边缘区的大部分景观还是以田园乡村景观为主，有着古朴自然的风貌，可由于人工景观的无章介入，而使原本有一些好的乡土特色渐渐的丧失了，致使边缘区景观格局变得有些混乱。地域特色减退，过多的城市元素介入，使边缘区景观开始出

古朴自然的风貌 / Simple and natural style

现趋同的现象。其景观空间格局也随着城市化进程和城市总体经济、文化的发展而一直在逐渐改变，因此，及时掌握好城市和乡村双向的发展动态，对城市边缘区景观的建设尤为重要。

　　城市边缘区景观是人工景观斑块和自然景观斑块交错在一起的复合体，兼具"城市景观"和"乡村景观"的双重特性，所以边缘区景观比其他类型景观的内容和特性要复杂得多，具有多角度特性。从空间平面上来看，边缘区的景观处于二元交叉交替的过程，多方面的共同影响都导致城市边缘区景观格局呈现不稳定的局面，理想的城市边缘区景观有复杂的功能特征，满足了观赏性的同时，又带来经济效应，维护生态环境，有衔接过渡性，边缘区的景观的元素多样性也是市区景观没有的。

　　城市边缘区的景观格局是一个多元复杂的景观体系。综合来看，边缘区景观的建设是城市总体规划中不可忽视的一部分，单独来看，作为一个独立的有机整体，对提高当地人民的生活水平，陶冶情操同样有所帮助。所以说边缘区景观无论是对城市内的整体性塑造，还是对外围的生态循环都有着重要的意义。

　　景观是个系统的概念，应该从时空的全面性上去考虑，边缘区景观的建设应该具备整体性和连续性的原则，要注意大体的控制和局部的协调。人工景观再建容易，而自然景观的重生却很难。边缘区景观体系要想长远的发展，就必须注重景观生态性原则，以现有的场地现状为依据，合理地

景观生态性 / Landscape ecology

优厚的土地资源 / Excellent land resources

运用其中的自然元素，例如阳光、植物、地形、地貌与水土达到"虽为人作，宛若天开"的境地。人类作为景观设计的创造者和受益者，景观对人类需求的满足是设计的根本动力，因此遵循以人为本、科学规划原则，在对边缘区景观格局的设计中，充分地了解各类人群的需求，了解他们的生活行为习惯是景观设计的最好参照。创造一个多样化的、能满足不同层次需要的场所，是设计好人性化优秀景观的一个重要组成部分。此外，在边缘区景观的建设中我们也应遵循景观多样性的原则，不但对景观进行多样性的设计，也要对原有景观的管理保护，只有在维持原来丰富景观基质的基础上再建设更多的景观设计，才能使景观变得越来越丰富多样。人们的生活离不开艺术，艺术体现了一个国家、一个民族的特点，表达了人们的思想情感。在景观设计中，艺术因素同样是不可或缺的。强调边缘区景观的美学性原则，对满足人类视觉追求、构建和谐的边缘区景观文化有着不可小觑的作用。

城市边缘区景观特性中已提出了景观功能的多重性特点，要满足多方位的功能需求。城市边缘区景观的功能定位主要落实在景观的缓冲梯度功能、生态净化功能、文化的纽带连接功能三个层面。

城乡一体化发展 / Urban–rural integration

    城市边缘区对城市中的多种产业结构向农村产业结构的转换起着过渡的作用，当这种过渡作用反映在景观结构上时，则使城市边缘区景观结构呈现梯度递变的功能性。边缘区景观中所融合的景观类型多种多样，体现的是城市景观的发展雏形，却又保留着部分农村腹地的特色，因此在两者之间起到梯度过渡的作用。除此之外，城市边缘区的景观功能不仅体现在为城市发展提供了优厚的土地资源，还体现在能够合理正确地对城市边缘区景观风貌进行合理的绿化和生态管理建设，对净化城市污染，协调城市的生态系统起到举足轻重的作用[1]。城市边缘区各种地方民俗、各类居住人群的混杂，其实是对边缘区景观提出了内在人文文化的要求，把对边缘区景观功能的定位落实在文化纽带的链接上，对边缘区景观文化的塑造，对衔接两地文化都有一定帮助。

    景观设计发展的一小步，往往能反映社会进步的一大步，城市边缘区景观的未来作为实现城市可持续发展的关键部分，是实现健全的现代化城市的先决条件。城市边缘区景观的发展趋势必须以可持续发展为理论指导，找出适合我国人口密集国情的景观体系，长远规划，从而使城市在向外扩张的进程中能够注意协调好城乡之间的关系。让边缘区景观起到一个过渡和衔接的作用，发挥好它的特殊属性，使景观带动经济、带动人文发展，为十年、二十年后的城市人的生活质量打好基础。尽早实现城乡一体化的进程，注重生态发展，完善城市景观体系，缩小城乡差距，让景观作为连接彼此的一条绿色的纽带。

参考文献

[1] 王仰麟.论景观生态学在观光农业规划设计中的应用 [J].地理学报，1998（53）增刊：21-27.

城市雨洪资源景观

/ 高元　房宇亭　王雪琦 /

　　雨水是珍贵的水资源，尤其对于大的缺水国家而言，合理的雨水资源利用与景观设计结合，可以让雨水以更生态的方式参与水文循环，发挥其生态效益与景观功能。很久以来，雨水因被视为无用的资源而被忽视和废弃。近年来，很多国家已将雨水进行科学的管理来有效地控制暴雨径流，配合恰当的规划和设计以及最大限度地去除污染物后，雨水管理工程成为了既生态又令人愉悦的景观，同时使成本得到极大的降低。雨洪资源景观的设计与发展不能只依靠工程技术，同样也需要艺术与理论的共同指导和参与才能将雨洪景观工程集实用性与艺术性于一体，从而实现雨洪资源景观的综合价值。

天然的洼地 / Natural depression

人工湿地 / Artificial wetland

　　雨洪的调节和储存共同构成了雨洪调蓄，雨洪调蓄的范畴是指为暂存雨洪资源而预留空间后，雨后可将存放的雨洪加以净化利用，控制雨洪径流是雨洪调蓄最重要的作用。若是用排水管道来调节，会受其本身尺寸的制约；若利用天然的洼地或池塘作为调蓄池，在雨洪径流的高峰时期将雨洪暂时存储其中，雨水量下降时，可以从调蓄池中慢慢排出，不仅减免了洪涝也提高了防洪能力。在需要设置雨水泵的时候，调蓄池的配置可以取得更大的经济效益与生态效益。调蓄池是用来存储雨洪的装置，收集来的雨洪可以用作景观水或灌溉水使用，还可以用作家用清洁水，在完全净化和消毒后甚至可以作为饮用水。它们的容量在 100～10000 加仑[*]左右，由于房地产业在我国的迅速发展，建筑群数量迅猛增长，我国几乎绝大多数的屋面都是裸露在阳光下，很少进行景观绿化。在雨季时，屋顶的雨水斗沿着水落管排入了下水管道，也给城市排涝带来负担，雨水资源也被浪费。

　　屋顶花园的出现提高了城市绿化率，调节了城市温度，改善了建筑屋顶性能，削减了城市雨水径流量，减轻了大气污染；而雨洪花园是指在地势较低区域或人工挖掘的景观凹沟中，种植各种植物，并通过一根入口管道将无渗透性地面上的雨水导入进雨洪花园中，雨水被花园中的植物及土壤吸收，并完全渗透至地底下的一种工程设施。它可以模仿自然界的雨水渗透和自我净化，是适用于旱地的人造生态系统；城市雨洪湿地则是一种模拟天然湿地的功能与结构、人为建造和控制管理的地表水体，它与沼泽相似，大多为人工湿地。在实现对雨水的净化作用的途径中，通常利用自然生态系统中的多重作用共同实现。生态湿地大多建立在有微地形和缓坡

---

* 注：1 加仑 =3.785411 L。

的凹地，往往种植大量的植物，也可以用来处理屋顶与停车场的渗透雨水；在降雨量较多的城市，相关部门为确保暴雨得到及时疏导，会在城市地下铺设各种排水管道，这些雨洪处理系统不仅工程庞大且需耗费大量资金。

荷兰鹿特丹的 Waterplein Benthemplein 广场率先采用了将大暴雨后的雨洪转换成水景观的设计理念。在一年中大多数非雨季时间，水广场可以处于干燥状态，可以像普通广场一样供人们休憩。在雨季来临时，雨水注满广场，池塘和浅水区就会显现，可供人们嬉水，冬季结冰时甚至可以在冰面溜冰。由于注入池中的雨洪会经过滤处理，在安全方面有所保障，且鹿特丹降雨量不足以蓄满广场，因而广场内的水可以及时得到更新。这一理论虽然尚有技术难题需待解决，但是这一创新为雨洪资源在景观上的利用提供了诸多有价值的借鉴。

雨洪排放类景观中，有排水景观设计和雨链景观设计两种。雨水基础设施的设计与构建常常被忽视，而这些都可以反映出城市形象与景观建筑品质。许多中外著名的古建筑将雨水的排水设施纳入外观设计中，这一巧妙且亲水的设计不仅将水景与建筑和谐地融为一体，使水元素的设计更加立体和多元，还从美学范畴上丰富了建筑的外观，同时也是早期的将雨水

雨洪生态塘 / Stormwater ecological pond

资源利用于景观设计的良好典范；再观国外各时期的建筑，滴水嘴一般设计在建筑的顶部或者墙壁上。最早的罗曼艺术时期，人们将神话与宗教结合到排水艺术上构成新的建筑造景方式，形成了艺术性与实用性兼备的怪兽形状滴水嘴。在哥特式的建筑中，其复杂的设计是最大的特征，怪兽状的滴水嘴更有其独特的设计风格，很多建筑因为滴水嘴从屋顶的无意识排水到有意识设计排水逐渐发展与转变。

雨链起源于日本，是一种既美观又实用的可以替代传统的封闭落水管的景观小品，属于一种常见的雨水疏导系统。最初的设计是一条长长的链条，悬挂在房屋的檐沟，以它的长度来引流雨水，这样就可以使雨水飞溅程度最小化，一般使用目的是用来引雨水到地表、地下蓄水槽或者引流至园景区，是一个落水、排水的替代品。由雨链等排水景观产生的听觉上的景观功能从声景观的角度给我们另一种雨洪景观设计方式，即雨洪声景观的设计。

而在雨洪净化景观中，就要注意到雨洪生态塘的设计了。雨洪生态塘是指有生态净化功能的天然或人工水塘。雨洪湿塘是长年积水的，若维护得当可以永久使用下去，不仅可以单独用来净化雨洪，也能与其他形式的雨洪生态塘联合使用；干塘顾名思义，在没有降水时一直保持干燥状态，只是控制雨洪和净化雨洪的暂时性净化塘；延时性滞留塘介于两者的状态之间，同样作为暂时性的调蓄塘，在降雨时发挥雨洪利用功能，雨停后将储存净化的雨水慢慢排放掉。

雨洪生态塘的生态功能主要有净化雨洪和控制雨洪径流。其可以利用的范围较为广泛，尤其在公园和住宅小区中的设计中功能效益较大，大多数情况下被设计为湿塘，可以作为排洪设施。与景观设计结合后还可以成为非常好的水景观，并形成一定规模的生物群落，生态效益巨大，对城市环境的改善很有效果。

城市中的雨洪资源景观设计不仅为城市中的生物群落提供良好的生存环境，更能美化自然、净化自然环境，为人们提供更宜居、健康、自然的生活环境。同时雨洪花园也是景观科学、建筑科学、生物科学和水利科学的综合设计，是未来生态景观设计中的可观设计方式。

互动共生型海涂湿地景观设计

/ 毛杰　房宇亭　刘力维 /

　　海洋是地球生命的摇篮，作为大陆与海洋互动最直接的海岸带区域，蕴含着大量的经济、环境资源。

　　一直以来被誉以"地球之肾"美名的湿地系统，为人类提供了丰富的资源及生产原料，还有效地延缓洪水、控制水土流失、降解环境污染等，保持区域生物多样性，维持地球生态平衡。而海涂湿地与沼泽湿地、湖泊湿地共同组成了地球上的湿地生态系统，主要分布在各大小河流入海口、海湾等区域。作为海岸带上重要的自然资源形式之一，海涂湿地生态系统的研究和调查对湿地生态环境、海洋生态环境、沿海城市发展等相关学科

海涂湿地生态系统 / Tidal flat wetland ecosystem

的研究都具有重要意义。

互动共生的理念强调了事物之间的关系及其相互作用。互动性强调湿地景观设计与实际使用人群之间的作用关系，具有社会学方面的含义，促使景观设计成为人与环境之间的纽带，将环境景观与使用人群更加密切地联系在一起，也使使用者在空间中的活动情况成为评价该区域景观设计好坏程度的一个重要指标。而共生性则是强调环境景观设计生态化、可持续发展，它倾向于生态学的理论研究，将人与环境平等对待，使景观设计保有环境原本的自然状态，使其对环境本身造成的影响最小化，为人类提供与自然环境亲密接触的便利性。"互动"与"共生"旨在从环境入手，以景观设计改造的方式，为人提供与他人、与环境以及其他生物体之间平等交流的平台，并从中得以愉悦身心，最终达到促使社会关系和谐稳定发展的目标。

海涂生态湿地景观空间的设计强调了人与自然和谐的基本内涵，并集中体现海涂湿地自然生态特征和地域景观特色等多种功能，在实际的景观建设过程中，需要保证海涂湿地环境景观贴近自然，减少景观中的人工痕迹，完善生态环境系统，促进湿地环境的生态恢复，保护湿地多样性。

考虑湿地资源生态敏感性强、抗干扰度低等特征，合理使用开放空间，在海涂湿地中生态敏感度最低的区域，且远离高敏感区域，最大限度

自然化的生物环境 / Naturalized biological environment

地域文化的传统文脉 / Traditional context of regional culture

地降低人类行为活动干扰，在此基础上再开展湿地休闲、游憩类型的活动，以景观设计手段对开放空间进行人工模拟自然化处理，促进人与海涂湿地环境的互动性。

景观建设首先要充分展示和发挥海涂湿地景观特有的美学价值和游憩价值，围绕海涂湿地特色景观主题，以人性化的景观设计安排，来满足不同使用人群的游憩活动需求，增加游憩体验。不同的生物体占据的生态位各不相同，对栖息地的环境需求也不尽相同甚至大相径庭，因此需要根据区域环境内特色保护物种间不同的习性和需求，保护或重建不同类型的栖息场地，营造多样化生态环境。在进行区域景观规划设计时首先应确保各湿地斑块之间的连通性，注重保持湿地内陆地、滩涂、水域等小尺度斑块的构成，建立合理的生物廊道，避免工程性建设手段对于湿地生物运输廊道的硬性切割，把景观斑块化效果降到最低，从而便于湿地内各生物环境系统相互之间的联系，为湿地的生物群落提供可达性的活动空间，增加种群之间的交流与互动，提高种群的生存能力，保证海涂湿地生态环境及生物多样性。

对于景观空间的观摩及视觉效果的体现不能仅仅在湿地环境内游走，建设远距离的视线碰触和生态瞭望台、生态缝隙观察隔离措施可以在不惊扰生物的休养生息、不破坏保护地价值的前提下，通过视线结构的控制满足使用者的观赏要求，加强人们对湿地的认知，创造人与动物及空间环境和谐相处的景观环境建设模式[1]。设计原则的选定对于景观规划设计的研究方向具有提纲挈领的作用，它不仅是对于设计主体思考的中心主旨，更对景观设计的具体表现具有指导性意义。

海岸带区域是全球经济发展中的主要核心区域，作为海岸带上重要的组成成分，海涂湿地资源的开发及利用程度较内陆区域更强，生境的破坏及受干扰程度也更为严重，因此海涂湿地生态景观环境建设的首要原则便是湿地空间生态资源环境的可持续保护与恢复。其次，考量三大产业经济的可持续发展，分别针对农业、工业及旅游业制订不同的景观设计策略，以符合经济可持续发展的要求，注重产业经济可持续发展也显得尤为重要。

从设计学角度来说，在现代潮流下结合场地特质，以传统和地域文化为线索，并保持人类历史、文化、自然延续性创造的与现代适应的景观形

海涂湿地的视觉及精神层面 / Visual and spiritual aspects of tidal flats

式和内容，无疑能够建立起人与空间环境之间情感沟通的桥梁，因此景观湿地系统的规划设计也应该注重地域文化弘扬与传承，继承传统文脉，展现区域传统文化，用承载历史与过去的景观规划设计满足使用者精神层面对于追根溯源的渴望。

海涂生态湿地景观规划设计首先应该考虑研究区域城镇化经济开发需求，提供合理景观规划蓝图，提供良好的城镇环境总体规划、道路景观规划、景观小品设计趋向以及文脉延续等内容的理论建议。其次，针对研究区域人类生产生活行为需求，分别从观光农业景观建设、工业隔离景观规划、旅游休憩景观完善和教育科研景观优化四个方面入手，进行详细景观基础设施建设。然后，着眼于研究区域景观环境中人体的舒适度体验，着重注意湿地环境影响下的区域微气候调节和景观建设中人工的公共设施两方面内容，完善景观设计舒适性及实用性。

最后，兼顾研究区域植物及其他构筑物的组合效果，从景观建设整体的空间形态美学及植物景观设计的色彩美学层面在视觉及精神层面对人类心理感受的影响，提高景观规划设计的精神表达效果。一方面针对海涂湿地的实际问题进行生态化的景观设计，保证海涂湿地的生态环境保护与恢复，另一方面为使用人群合理和规范化的使用提供经济、实用性设计，增加景观设计的使用功能，促进自然景观与人之间的互动性交流活动，进而完善互动共生型海涂湿地景观营造。

参考文献

[1] 栾春凤，林晓 . 城市湿地公园中人类游憩行为模式初探 [J]. 南京林业大学学报（人文社会科学版），2008（8）:76-78.

微气候与城市景观设计

/ 王明月　丁山　房宇亭 /

　　城市气候是极复杂的系统，组成的各气候要素中，影响城市景观空间的主要涉及：风、日照、空气温度与湿度等，其中直接影响人们生活空间的是城市小气候，即微气候。微气候最直接影响着人体在环境中的舒适度，

微气候环境 /Microclimate environment

也就是在环境中风、太阳辐射、空气中的温度及湿度等综合影响下环境中的感受。随着城市化进程的不断加快，人类行为对城市气候的影响越来越深刻。城市气候问题中最显著表现为城市热岛效应。热岛效应是由于城市的下垫面性质、大气污染及人工废热排放等使城市温度呈现出比郊区气温高，形成类似高温孤岛的现象。

地球表面由于每个区域受作用力的差异，形成了千姿百态的地形地貌，近年来，随着生态设计、大地艺术等设计理念的发展应用，人们从最初利用自然地形地貌本身语言发展到改造，以及创造大地艺术来丰富地形地貌景观。地形地貌大概分为自然形态与人造地形，而城市中主要受人为因素影响，则主要按形态特征来划分，主要分为平地、凸起地貌、凹形地貌三类。

平地作为景观空间的基底，视野开阔，四面通透，容易营造出良好的连续性与统一性景观。

相比平地，凸起地貌富有动感与变化，在一定景观空间内容易形成视觉中心。凸起地形达到一定高度后，影响对地形空间中不同朝向面的绿化种植设计，同时影响区域微气候环境。

凹形地面是一定尺度范围的围合空间，相对受外界环境干扰较小。更容易带给人们心理上的安全感，能形成独特的微气候环境。

地形设计可以通过对存在的自然或人工地形进行空间划分，适当的地形设计还可以对空间有引导作用，达到欲扬先抑的效果。通过地形设计，突出地形高点，并加以景观构筑物设计，能很好达到提升空间尺度的效果，同时丰富区域景观。由于地形的高差因素，使地形能成为天然屏障，遮蔽不利环境。

城市景观中水景的应用多关注于水景的景观美，对于生态效用的关注较少，尤其是在改善微气候环境方面。水在改善微气候环境方面与绿化种植的效用类似，水的蒸腾作用能通过吸收周围空气中热量的方式，使环境气温度降低。

城市景观中水景形式一般分为静水景观与动水景观。静水景观又分为江、河、湖泊与池、塘池和塘等。动水景观分为流水、喷泉、跌水、水幕墙等形式[1]。

绿化种植是城市景观要素中基本要素，通过运用乔木、灌木、草本及

千姿百态的地形地貌 / A variety of topography and landforms

藤本植物来营造景观。在城市空间中，植物自身的蒸腾、成荫性及冷却通风等功能，对城市空间中微气候的调节息息相关，植被覆盖率对城市微气候改善有显著意义。

地面铺装作为景观空间中不可或缺的部分，主要有划分空间、组织与引导交通、提升景观空间等作用，是贯穿人们在景观空间中休闲娱乐的整个过程[2]。景观设施是建筑与景观环境的纽带，人工环境与自然环境的结合带，户外主要的休憩观赏点，常常决定着景观空间品质。

景观空间根据面积大小及使用率，分析对铺装材料的需求。空间面积较大、使用率较高的场地，考虑铺装的耐久性，选用硬质铺装材料为主，并选用透水性及不透水性材料的结合应用。但大空间的场地，应考虑夏季对太阳辐射的遮阴通风，冬季的光照及避风，需要其他景观要素结合辅助设计。空间较小、活动量较小的场地，宜选择吸热性低的透水性材料，或结合植被的嵌草砖，同时结合其他景观要素的合理搭配，营造人体舒适度较高的景观空间。由于城市景观中的景观设施，设计样式多变、没有相对统一的标准，在分析景观设施对微气候改善策略时，结合景观亭廊、户外

绿化种植 / Green planting

坐具、户外停车场、灯具等景观设施的设计来改善景观对微气候的影响。

针对不同季节的微气候改善设计也有所不同。其中在冬冷夏热气候条件下，夏季典型的湿热天气，城市景观空间应对改善微气候的设计方向，应主要考虑降低太阳辐射、自然通风设计、降温降湿等方面。

城市景观空间中应对冬季的湿冷气候时主要需要考虑充分采光利用、抵御寒风侵袭、空气增温设计、增温降湿的结合等方面。在设计中注意空间的设计，以建筑的布局和高度的组合达到自然通风的效果。针对区域内日照与光影的现实条件对空间进行合理的布局与分配。在城市景观的地形设计时，充分利用小地形而改变场地风向，实现调控区域微气候的空气温度目的。夏季，地形设计应保证夏季主导风的风道通畅，使其满足通风散热的作用；冬季则应考虑对冬季主导风的阻隔，在场地的上风向

水景空间 / Waterscape space

人们生活的栖息地 / Habitat where people live

区域设计地形，形成天然挡风墙。夏季，由于水体的蒸发对空气湿度影响较大，不适宜长时间在夏季湿热的地区增湿，空气中相对湿度过高，会降低空气中的自然通风，反而会增加夏日闷热的气候。因此，可通过定时动水设计，根据太阳强度高、人们户外活动高峰时间段，定时开启动水景观设施，能有效调节在炎热时间段的增湿降温效用，同时保证夏季水景空间的自然通风，营造更好的热环境空间。冬季对空气中的相对湿度要求较低，不适宜大面积水景应用。

因此，应对冬季气候条件下，宜采用静水景观设计，有效地降低动水对空气湿度的影响。种植模式的复杂程度对减少日照有一定效果，随着种植模式的密闭度由强变弱，对减少日照的影响也由强变弱，乔木层对减少日照效果最大，灌木及草坪的效果次之。根据景观空间存在的不同情况，以不同的建筑方位、不同空间要求及植物的密闭程度不同，进行绿化种植的具体设计。

城市景观作为人们生活的栖息地，是城市微观层面的场所体验空间，与居民生活息息相关。城市景观空间应对改善微气候的设计方向，应主要考虑降低太阳辐射、自然通风设计、降温降湿等方面。冬季典型的湿冷气候下，要考虑充分采光利用、抵御寒风侵袭、空气增温设计、增温降湿的结合等方面。协调夏冬两节气候的矛盾，主要以满足改善夏季微气候环境，提升舒适度为主；改善冬季微气候环境的舒适度为辅。通过针对不同季节及不同城市景观形式，本对城市景观中地形设计、水景形式、绿化种植、地面铺装、景观设施等具体设计策略研究，提出改善微气候的城市景观设计概念。尤其是通过对城市景观流程中人员参与的关注，提出加强使用者参与程度、提高设计参与方的微气候设计理念，行业管理方加快提出微气候质量评价标准，最终实现改善微气候的城市景观设计的实施。

参考文献

[1] 黄丽萍，王晓辉. 水景设计的形式与景观效应 [J]. 科技信息，2011（21）:334.

[2] 钟香炜. 园林景观铺装材料艺术 [J]. 广东建材，2011（8）:50-51.

全球气候变化对丹顶鹤栖息地的影响

/ 刘力维　丁山 /

历史上，丹顶鹤广泛分布于东亚地区。其越冬地可南至中国福建省、海南岛、台湾等地。然而，在全球变暖加之人类活动的影响下，丹顶鹤的栖息地大为缩小，其种群数量出现急剧下降态势。丹顶鹤已经被列为中国

丹顶鹤栖息地 / Red Crowned Crane habitat

国家一级野生保护动物，在俄罗斯，丹顶鹤也被列入俄罗斯红色名录。同时，也被世界自然保护联盟（IUCN）列为极危物种。

丹顶鹤当前主要分布于五个国家：中国、俄罗斯、蒙古、日本和韩国。其中分布于中国、俄罗斯、韩国和蒙古的种群属于迁徙鸟类；分布于日本的丹顶鹤种群由于其栖息地在冬天也有足够的食物而划分为留鸟。整个迁徙种群也叫大陆种群。该种群的繁殖地主要分布于俄罗斯东部的西伯利亚地区，中国东北部，和蒙古东北部。丹顶鹤在春夏季节在繁殖地进行繁殖。大陆种群大部分栖息在中国境内的黑龙江流域。其他种群分布于黑龙江平原中部，乌苏里江，和兴凯湖。在秋季，丹顶鹤会飞到韩国、中国华东地区的越冬地度过寒冬。

影响丹顶鹤的地理分布有多种因素，如食物来源分布、可供筑巢的区域分布、植被类型和气候等。但是除了气候数据之外，其他影响全球丹顶鹤分布的环境因子数据很难获取，特别是将研究尺度放眼到全球的范围上。

本研究选择目前最流行的且被认为最好的物种分布模型——最大熵模型（MaxEnt）来预测丹顶鹤的地理分布，十折交叉验证用来检验模型效果已经获得更为稳定的模型预测结果。通过生态位模型（MaxEnt）预测计算可知，未来气候变化背景下，丹顶鹤的繁殖地和越冬地呈现往北迁移态势。当前的丹顶鹤繁殖地主要分布于中国东北地区中部，以及与俄罗斯交界地区，丹顶鹤越冬地主要分布于中国江苏的盐城自然保护区，朝鲜东西海岸，以及韩国与朝鲜交界地区。在气候变化影响下，丹顶鹤繁殖地逐渐扩张至中国东北地区北部，以及中国与俄罗斯交界地区，丹顶鹤越冬地逐渐扩张至中国山东、中国与朝鲜交界地区以及中国与俄罗斯南部。因此丹顶鹤需要往北迁移才能维持它的生物气候生态位。

MaxEnt模型分别预测了在RCP 2.6，RCP 4.5，RCP 6和RCP 8.5情况下，丹顶鹤繁殖地以及越冬地的分布范围情况，依次为2030s，2050s，2070s，2080s。（蓝色多边形区域为当前实际的丹顶鹤繁殖地和越冬地，绿色多边形区域为模型预测的在当前气候下的潜在繁殖地和越冬地分布区，棕色栅格为模型预测的在气候变化下各年份的繁殖地和越冬地分布区。）

通过计算每个0.5度带下丹顶鹤繁殖地适宜区的栅格数量，来研究模型预测的丹顶鹤繁殖地适宜区。随着纬度的空间移动，以及在气候变化影响下分布范围变化的研究结果表明，排放情景越高，气候变化越剧烈，导

滩涂湿地 / Tidal flat wetland

致丹顶鹤繁殖地和越冬地北移更加显著。

　　模型预测的丹顶鹤繁殖地栅格（5弧分×5弧分）总数，高排放情景下，气候变化将给丹顶鹤的繁殖地和越冬地带来更为严重的影响。

　　气候变化将对丹顶鹤的繁殖地和越冬地带来严重影响。未来气候变化背景下，模型预测丹顶鹤的繁殖地和越冬地呈现往北迁移态势。所有四种排放模式下，模型预测的丹顶鹤繁殖地和越冬地空间分布在气候变化影响下变化趋势呈现一致。在其他三种排放情境下，栅格总数随时间变化保持比较一致的趋势，即先升高后降低。高排放情景下，气候变化将给丹顶鹤的繁殖地带来更为严重的影响。当前用于保护丹顶鹤的保护区在气候变化影响下将失去保护效力。丹顶鹤需要随着繁殖地和越冬地的变化来迁移至新的区域，各国需要关注丹顶鹤的生境变化，在必要时帮助丹顶鹤迁移至新的繁殖地和越冬地。

景观再生

Landscape Regeneration

追求时间的美、工业的美、野草的美、落差错愕
的美。珍惜足下的文化、平常的文化、曾经被忽
视而将逝去的文化。

——俞孔坚

　　俞孔坚指出："工业遗产是不应丢弃的历史财富，善待工业遗产也是不能推脱的历史责任。"旧厂房、旧仓库、旧设备……较之几千年的中国农业文明和丰厚的古代遗产来说，这些工业遗产只有近百年的历史，但其所承载的信息，以及对人口、经济和社会的影响，甚至比某些文化遗产还大得多。经济的不断发展，加剧了城市的扩张，然而那些工业旧址和废墟还是散落在各个城市的角落无人问津。人们普遍认为，工业时代留下的东西是丑陋的、污染的，所以工业时代的历史更容易被人忘记。现在我们必须对工业遗产给予足够的重视，因为它是工业时代文明的一个体现，反映了那个时代的社会经济生活、技术水平和价值观。面对这些城市废弃地，应该如何改造，使其在提升价值的同时融入到城市景观中，实现景观再生，是我们迫切需要解决的问题。

城市废弃地——时光记忆的延续

/ 夏夏　王锐涵　曾冰倩 /

　　从 1854 年奥姆斯特德在纽约中央公园吹响现代城市废弃地改造的号角，到 100 多年后众多艺术家在纽约格林街谱写出和谐的 SOHO 交响；从 1863 年阿尔方在巴黎比特·绍蒙公园酝酿出现代城市垃圾填埋场改造的绿色冥想，到 100 多年后彼得·沃克在悉尼奥运公园演绎出铿锵的奏鸣；从 1896 年陶渊明的后人陶浚宣在汉代采石场遗址写意出磅礴而壮美的山水二重奏，到近 100 年后人们在南海西樵山南麓史前采石场遗址锻造出穿越时空的随想回旋。这些都代表了全世界面临的一个共同课题——如何进行现代城市废弃地景观记忆的延续？

　　废弃地是城市产业发展、空间结构演变、产业建筑发展的历史见证以及城市风貌的重要景观，是一个城市赖以生存的背景之一，对城市的形成和发展有着潜在的、深刻的影响并体现城市的文脉。凯文·林奇（Kevin

改造后的工业废弃地 / The landscape modification on industrial wasteland

原始建筑修补 / Original building repair

原始建筑修补 / Original building repair

废弃地中的自然景观 / The natural landscape of the abandoned land

Lynch）在《What time is this Place》一书中强调"我们生活在有时间印记的场所中"，他说："每一个地点，不但要延续过去，也应展望、连接未来。"[1] 可以说，现代城市艺术特色的一个重要源泉，便是在城市空间不同区域中所创造的场所感，使那些被围合起来的、可容纳某种社会公共生活的地点或场所，能以恰如其分的视觉形象和艺术情调给人们留下一种真实的心理感受，因此景观记忆要依靠场所精神才得以延续。

保存景观记忆的设计方法主要分为四种：修缮、调和（类聚）、对比（片断组合）、转化。这四个具体设计方法是对景观"象"的把握。

（1）修缮

当前各类修复文物景观的工程中存在着两种价值观：一类是形式至上，偏重于审美，以设计师本人或者是流行时尚为审美取向；另一类以历史文化和伦理道德为指向。本文所说文物景观的"修复"是指"修旧如旧"。不过在大多数情况下，应该采用"修补"，"修补"就是整修和补足。在"修补"过程中尽量采用区别于被"修补"物体的材料，工艺和形式，新旧形式形成对比，历史和现代穿插融合，形成强烈的历史意象，这种方法既整修了历史景观又保留了历史信息的可识别性。

（2）调和（类聚）

从景观整体历史氛围的角度出发，立足于原有空间形态的特点，寻求新景观可能的形态，使景观整体获得统一的视觉效果，同时新元素又采用新的材料、工艺、技术和新的形式，与原有历史景观形成区别，以保持历史信息的可识别性。

（3）对比（片断组合）

废墟在普通人眼里是毫无意义的存在，但对于某些建筑师来讲它们却是构思的源泉，这些建筑师利用废墟断垣残壁的形态特征来表达一定的隐喻意义。废墟的隐喻意义大致有三层意思：第一，废墟以片断的形式存在，意味着有更大、完整的整体存在，这正留给人们想象的空间；第二，废墟隐喻了片断的真实性；第三，它象征着丧失了完整性、整体性和平衡性。废墟是一种纪念品，它能诱发人的思古之情，怀念过去的岁月。废墟是一种被肢解的片断，片断的不完整性使人想起当初完整的原有形，不完整的片断是原有完整形式拆卸、解体的结果[2]。片断组合是将新旧景观直接拼合在一起，新景观不沿用、套用原有历史景观的具体表面形式，片断的组合并不完全是像手法主义者那样将世界各地的历史题材收集起来加以组合，而是在保持地段原有历史片断，加入现代的片断，使两者呈现出并置、嵌入、置换的状态。

（4）转化

城市废弃地景观中的自然要素不同于一般城市景观中的自然要素，因为它们和历史意象联系在一起，它们和地段的建筑物起的是历史的见证，再加上中国的文人们喜欢把自然物作为自己抒发情感的载体，所以它们又有了附加的人文气息，同时它们也是人文景观的补充。

城市景观记忆的建立是一个漫长的过程，希望设计师们共同努力，让人们可以徜徉在巨大的废弃构筑物之间，唤起往日那令人心潮澎湃的珍贵记忆，废弃地的"幽灵"将永存于那原本就属于它们的精神家园，废弃地景观经过烈火的洗礼必然重新焕发出新的生命力！

参考文献

[1] 凯文·林奇. 城市意象 [M]. 方益萍，何晓军，译. 北京：华夏出版社，2001.

[2] 涂欣. 城市记忆及其在城市设计中的应用研究 [D]. 武汉：华中科技大学，2005.

城市景观设计中失落空间的优化利用

/ 王晨　丁山　王锐涵 /

　　我国改革开放以来城市化速度日益加快，城市景观设计的发展也随之取得显著成就。但随着遍布城市各处无休息的新开发项目的涌现，"也许作为人，我们已经变得如此的慵赖以致不在乎事情是如何运转的，而仅仅是关注它们能够给予我们什么样的快速简单的外部印象[1]"。城市中的景观建设得越来越漂亮，景观设施也越来越完善，但是在建成投入使用时，效果却往往不尽人意。由于设计手法的千篇一律、模式化以及社会经济等各方因素，景观设计的初衷经常无法得到实现，城市景观设计中的失落空间往往缺乏宜人的尺度和亲切的氛围，失去了景观本身的特色，这样形成的空间环境无法满足使用主体的需求，景观丧失了自身的场所意义，无法达到景观设计的追求目标。"失落空间"的问题，或称之为空间的不合理规划使用问题，困扰着当今许多城市景观设计师。

城市公园中的失落空间 / Lost space in a city park

玄武湖公园 / Xuanwu lake park

　　优化利用失落空间意味着要让景观与人、与环境为友，人们在空间中体验场所的特征和意义，使身心能够真正地释放于具体的环境中。进行失落空间的优化利用，赋予场所的意义可以通过建筑现象学和场所理论的阐述来分析景观空间中场所精神的重要意义，总结出空间的场所构成包括场所结构和场所精神，让人在空间中找到归属感。场所结构和场所精神是内在统一的整体，两者互相影响、共同作用构成具有意义的景观空间。优化利用中，要从场所结构出发，将空间与特性相互联系，建立方向感和认同感互动的整体，明确场所精神是人与环境和谐共处的关键，利用积极的场所结构体现丰富的场所精神，打散失落空间的精神丧失和空间失落，使之重新富有活力，维持稳定的空间场所体系。

　　失落空间关心的问题就是在孤立的被忽视的事物和景观空间之间建立可以理解的联系，恢复被遗弃空间的活力，进而通过建立其与城市环境空间的连接，最终创造出易于理解的城市景观空间。在空间景观中通过材质

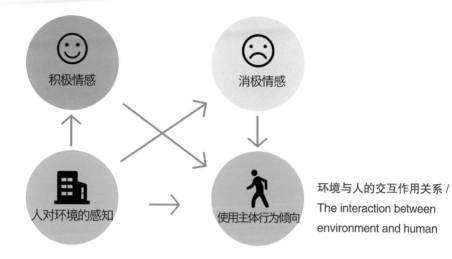

积极情感

消极情感

人对环境的感知

使用主体行为倾向

环境与人的交互作用关系 /
The interaction between
environment and human

的连续统一、地形的巧妙利用、空间之间互相的回应、对人体尺度的尊重和对空间组织构成的有序界定，突破失落空间中现存的限制条件，在设计中把连接理论作为组织空间和规划景观的先行控制性构思，恢复空间中景观元素的连贯性，创造完整城市景观空间。目前许多城市在郊区或新区规划的城市景观空间，由于交通和区位的原因经常造成人流稀少、人气淡薄，设计出的景观往往失落，这种情况可以参照南京玄武湖公园的设计手法，采用城市规划中的"反规划"手法，把绿地空间预留，并将其保护，对现状加以巧妙利用，使新旧景观和谐共融，优化整个区域的景观环境，使景观最大限度地发挥其效能，为人们提供高品质、高质量的城市景观空间。

失落空间优化也可以利用环境心理学研究，在优化利用时注重人的参与和对环境的体验，景观空间的塑造必须以人的行为、心理需求为本，明确优化利用的目标，实现直接的或间接的景观效能最大化。环境心理学表明，人与环境是互相作用的关系，在这个过程中，人可以改变环境，同样地，环境也会改变人的行为和经验。无论是私密空间还是开放空间，都需要有较为明确而完整的界定，在这个限定范围之内，人对环境有足够的安全感和信任感，空间领域是在人的占有和控制之内，人与环境产生互动，以此促进人与人、人与环境的互动，进而在空间中寻求更深层次的意义 [2]。所以在进行空间优化时要重视景观空间的公共性与私密性，保证空间的领域性和宜人感，最终保证景观和人之间互相促进的良性循环。

本文综合建筑现象学、城市规划学、城市设计学和环境心理学等学科理论，对失落空间的优化利用进行探索，通过理论依据去指导景观场所的规划设计，促进人与环境的和谐相处，使人们的生活环境和生活品质得到提高，改善城市景观中的失落空间，激活它的活力，使之重新为人们所亲近。

参考文献

[1] 简·雅各布断. 美国大城市的死与生 [M]. 南京：译林出版社，1992.

[2] 徐磊青，杨公侠. 环境心理学 [M]. 上海：同济大学出版社，2002.

矿山废弃地的景观重塑与生态恢复

/ 袁哲路　王锐涵　曾冰倩 /

　　矿山在历史上为工业文明的发展做出了巨大的贡献，但矿山开采活动客观上也给周边的生态环境和自然景观造成了巨大的破坏，由此产生的植被破坏、土壤流失、自然景观破坏等生态环境问题，严重影响了所在区域的生态系统，特别是在城市景观上形成了美学缺陷。因此，矿山废弃地景观重塑与生态恢复在提倡环境保护与生态文明建设的今天，越来越受到社会公众的关注和重视。

　　20 世纪 80 年代开始，中国式的"城市美化运动"逐步兴起，突出表现为景观大道、城市广场、城市公园的大量出现，矿山废弃地的改造也受其影响。"城市美化运动"典型特征是视觉美而忽略人性化设计，以城市建设决策者或设计者的审美取向作为唯一标准，而不是社会大众或者观众。

矿山废弃地 / Abandoned mine

"城市美化"指导思想下的矿山废弃地改造强调的是纪念性、机械性和形式化，而非功能性和实用性。虽然美学性是景观设计的重要部分，景观设计的作品展示在公众面前的第一印象往往就是其美观，但随着生态环境的逐渐恶化，人们对矿山废弃地改造内容的要求有了新的认识，除了美学价值外，人们更注重其功能的发挥，生态恢复是景观设计中主要功能之一。通过把生态学原理应用到矿山废弃地景观重塑中，使区域的生态环境恢复到最初平衡状态。自然之美都是建立在生机勃勃的绿色、清新纯净的空气之上的，所以矿山废弃地的重塑要从注重形态的、无实质功效的展示型景观设计转向注重生态系统恢复的设计上。

矿山废弃地景观重塑与生态恢复模式可以分为三种：生态复绿模式、景观再造模式、综合利用模式。

1. 生态复绿的模式

该模式主要适用于重要交通干线两侧可视范围内的、场地面积较小的且边坡的矿山废弃地。这种矿山废弃地区位条件不佳，通过复显可获得的土地资源有限，开采面基本无特殊的景观价值，也无法拓宽新的景观资源。针对此山废弃地，可以通过建立生态环境保护区，运用生态复绿和修复山体疮疤法，对破损的山体进行修复，愈合采矿的伤疤，使矿区的生态环境逐步恢复。无锡勤新矿山废弃地，因停止开采被关停后，生态环劣，视觉效果较差，并且存在崩塌、滑坡等地质灾害隐患。在通过综合运态复绿、山体修复等景

生态复绿（南京牛首山）/ Restore green ecology（Nanjing niushu mountain）

南京汤山矿坑公园 / Nanjing tangshan mine park

观恢复措施，现在矿区内已基本实现生态恢复。矿区内植物种类繁多，能自然生长、演替，边坡等区域也了恢复绿化、水土保持和永久复绿等效果。

2. 景观再造模式

进入 20 世纪 90 年代，随着群众生活水平的不断提高，人们在旅游休闲的需求越来越旺盛，旅游市场一片欣欣向荣之象，旅游成为人们的新宠，矿业遗址旅游也因此展现出了巨大的市场前景。尤其是矿业废弃过艺术手法的处理并赋予全新的功能定位后，能形成全新的后工业景观旅游，加上对矿坑等遗址景观环境的再造，使其与周边的自然风光衔接起来组成的矿产旅游景区，打造出极富吸引力的主题旅游资源，从而进一步带动能源枯竭型城市的经济发展。这种利用旧矿区来打造核心旅游项目在国内外很多成功的先例，例如德国鲁尔区的改造、南京的汤山矿坑公园项目等。

3. 综合利用模式

此种模式适用于那些位于重要城镇周边，且对周边生态环境有重大影响的、矿区面积较大、具有开发利用价值的矿山。此类矿山废弃地，可以利用矿山废弃地周边地区的生态优势和用地优势，通过延伸城市功能，进行综合整治，打造新兴的城市功能板块，带动周边地区发展。

随着经济的不断发展、产业结构的转型和矿产资源的逐渐枯竭，矿山地引发了越来越多的社会关注。正是由于人们生态意识的不断提升和审美的不断提高，才使矿山废弃地景观重塑与生态恢复有更为广阔的前景。运用景观设计和生态处理的手法对矿山废弃地进行景观重塑和生态恢复，不但能够改善原有的生态环境，重新营造舒适宜人的空间环境，更能为资源枯竭型城市产业和经济衰退所带来的社会与环境问题寻找出路。

弃耕地的修复与再生

/ 汪琼　丁山　曾冰倩 /

　　随着经济和现代农业的迅速发展，大面积的土地被开垦，不合理的耕作和灌溉方式大大降低了土壤肥力。我国 2013 年 12 月 30 日发布的第二次土地调查数据显示，全国耕地 20.31 亿亩 *，有将近 1.5 亿亩是不宜耕作的弃耕地，中重度污染耕地约在五千万亩左右，耕地后备资源严重不足。弃耕地的存在不仅造成生态环境的破坏，而且还造成资源的浪费。为了遏制弃耕地对环境的负面影响，我们应思考如何改善弃耕地的质量，如何更好地解决弃耕地修复与再生的问题。

　　我们对弃耕地进行改造，首先要对弃耕地的生态环境进行修复，使之向安全、良好的状态发展。在基于生态学原理的基础上，从土地退化灾害防治、污染物治理、土壤改良、水体治理、保护生物多样性等方面入手，对弃耕地生态环境进行修复，争取以最少的投入，获得最大的成效。对弃耕地进行修复时，面对受损较轻的区域，我们应该减少人为介入，唤醒生态系统强大的自我修复功能，使在弃耕过程中遭受到破坏的生态系统回到正常的循环状态；面对破坏较严重的区域，如果已经超出生态系统自我恢复的界限，就应该介入必要的人工手段，帮助其恢复到自然状态。为了弃耕地的生态修复工程能合理而有序的进行，可以将其归结为修复、改善、管理三步走，下图就是弃耕地生态修复的模型框架。

　　对于不同的弃耕地，景观再生主要分为：复垦复绿、游憩观光、建设用地开发三种模式。

　　（1）复垦复绿模式

　　对土地进行分析，采取宜农则农、宜渔则渔、宜牧则牧、宜建则建等不同的复垦措施，通过沟、渠、田、路综合开发治理和采用生态链生态工

＊注：1 亩 ≈ 666.67m²，余同。

程措施，将弃耕地复垦成为土地利用结构与布局更合理的高产、稳产良田。不仅保护生态环境增加耕地面积，而且带来经济效益。

（2）游憩观光模式

对于那些由于自身因素不适宜继续耕作而区位优越的弃耕地，可以转变其用地性质，将耕种作为资源的第一次开发，而旅游作为资源的第二次利用。利用自身的区位优势，通过修复与再生使弃耕地重新恢复到可供利用状态，成为土地开发利用新的组成部分。那些位于文化底蕴浓厚、自然景观优良地区的弃耕地，可以结合当地独具特色的地域文化和优美的自然景观，营造游憩观光空间，打造成旅游度假胜地。不仅保护周边的生态环境，而且在此基础上发展旅游业，提升土地的生产效益。

（3）城乡建设用地的开发模式

对于部分不适宜继续耕作弃耕地，将其作为城市规划建设用地，而不

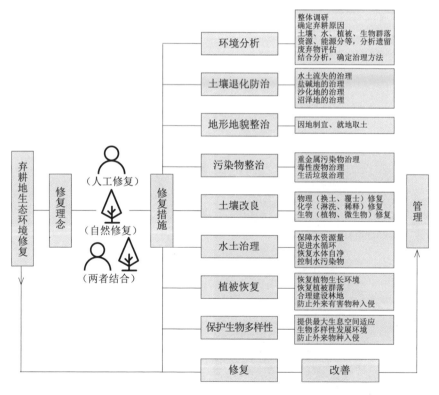

弃耕地生态修复框架 /
Framework for ecological restoration of abandoned farmland

景观再生 / Landscape regeneration

农耕文化艺术小品 /
Agricultural culture artwork

农耕文化艺术小品 /
Agricultural culture artwork

是列入耕地项目。通过生物工程措施，治理污染，平整场地，建成居民住宅小区或商业用地。不仅带来经济效益，还美化了环境，增加就业机会。

　　江西瑞金象湖湿地公园在规划前就是一块污染严重的弃耕地，湿地公园在规划过程中以生态学理念修复弃耕地，通过景观再生形成集湿地观光、民俗展示、休闲娱乐、文化体验、农业生产等一体化的综合性旅游项目。在对瑞金象湖湿地公园进行改造时，发现基地中存在大量的废弃砖瓦，可用于场地铺装；废弃的瓜棚藤架，可改造为农艺编织廊架，构建成独具特色的艺术景观。基地中存在大量废弃的农居，可以在保留废弃农居的基础上进行艺术化的改造整治，形成特色村落区，保留原汁原味的生活状态的同时让其焕发活力。同时基地中保留着废弃的水车，运用艺术化的景观手法，对其进行改造，形成特色的农耕文化艺术小品，使原本废弃的土地转变成既能带来生态效益又能带来经济和社会效益的宝地。

　　大量弃耕地的存在给环境和经济造成恶劣影响，迫使我们找出解决办法。因此，本文对弃耕地进行了科学的研究，并拟定出弃耕地修复与再生的基本方法。另外，在对不可复垦复绿的弃耕地，可通过转变土地的功能方式使其得到再生，如通过生态恢复和景观再生将其打造成公园等形式对游客进行开放，从而带来经济效益。对弃耕地的修复与再生，是一个涉及多领域多学科的综合课题，因此要结合生态学、景观设计学等多领域的认识，来解决弃耕地再生和产业转型的问题。

弃耕地改造后的花田景观 /
Landscape of flower field after transformation of abandoned farmland

追寻城市记忆的老街巷

/ 曾冰倩　丁山　王锐涵 /

　　随着城市的不断发展，一些老旧的街巷和新的城市景观渐渐脱节，具有历史文化的旧街巷正面临着不断被拆迁的危险，城市记忆不复存在。这些街巷保留了最原始的城市肌理，承载着城市特有的地域符号，它的人性化尺度和友好的邻里关系，是城市其他空间所缺失的，也正是我们需要想办法保护的[1]。因此如何通过自然的引入，让街巷能保留地域特色的同时，还能积极地融入城市，成为了需要深入研究的问题。

　　城市街巷建筑风格的差异，更多是受气候环境的影响。四合院是北京胡同传统的住宅形式，典型的四合院都是青砖灰瓦，玉阶丹楹。四合院之所以能在北京发展完善，不难发现，其设计使人、环境、建筑能够建起立一个有机的环境，更好地和自然相融合[2]。房屋坐北朝南，在冬季既可以

圣托里尼洞穴式房屋 / A cave house in santorini

国外街道景观 / Foreign street landscape

阻挡寒风，夏季也可以迎风纳凉，同时四合院院落宽敞，利于日照。除此之外，作为古希腊文明发源地的圣托里尼岛，由于受自然环境的影响，石制的洞穴式房屋也成为圣托里尼岛民乃至整个地中海岛屿居民的标配。其主要以当地火山石材为主建造的洞穴式房屋，房屋表面都覆盖上了蓝白相间的涂料，这种做法既能减少炎热夏季毒辣的阳光，又能和周围环境很好地融合。冬季雨水较多时，石材与木材相比更耐腐蚀、使用寿命更长。由此可见，这些住宅的形成和自然条件是不能分开的，在建筑建造过程中都讲究"天人合一"的自然观和环境观。我国很多传统街巷建筑从材料、色彩、风格上，也都秉承着与周围环境相协调的设计手法，所以我们有必要去留住这份自然美。

在现代城市的高层住宅中，过去那种有趣的，与小块自然及绿地的联系，已经变成奢侈的幻想。有幸能得一方庭院的人们，还能在那里得到一小片自然景观，而高层居民只能通过别的方式来满足自己对绿色的向往。在国外市区会不定期举办沿街前院的景观设计竞赛，如果绿化设计的漂亮，政府还会给予奖励，因此街道居民非常热情地去布置自家门口的公共空间。中国的庭院为了保障私密性和安全性，更多是封闭的私人独享空间，除了少部分拥有内庭院的居民外，对于空间较开敞的街道来说，我们也可以参考国外的政策，引导城市街巷里的一些居民，"自发"去参与公共空间的绿

墙面绿化 / Metope greening

化设计，他们可以跟随自己的喜好在空间绿化方面去思考种植的方法，这种行为在满足个人需求的同时，对美化环境、改善城市小气候也具有积极的作用。

对于城市发展而言，墙面做绿化开始慢慢流行起来，墙面绿化可以有效地丰富景观层次、隔绝噪音、减少空气中的灰尘，从而改善城市生态环境。对于传统生活性街巷空间而言，道路比较狭窄，留给绿色的公共空间少，绿化设计容易受到限制，这时候我们可以考虑墙面绿化，并且在设计传统生活性街巷绿化空间时，还应该考虑与街巷古朴的生活气息、幽静雅致的人文景观相协调。设计过程中选择植物需要考虑墙面高度，如果墙面低于2m，可以选择常春藤、牵牛、爬蔓月季等植物，这些植物观赏性较好，也容易成活；如果墙面高度高于5m，可以选择中国地锦、美国凌霄等植物。除了考虑墙面高度外，也要分析绿化墙面是否向阳，来合理分配喜阳植物、耐阴植物[3]。用最简单的方式去处理墙面绿化，不仅可以提升街巷绿量，还能柔化建筑立面，让建筑变成"会呼吸"的建筑。

城市快速发展所引发的矛盾是不能调控的，但城市老街巷自身独特的文化内涵和历史价值，我们应该去关注与思考。对城市老街巷进行自然的改造方式，避免出现过度改造对街巷面貌的二次破坏，并且也激发了人们"自发"去参与街巷保护的意识[4]。一个城市的街巷空间包含着各个时代的记忆，所以我们保护的不仅仅是相关的建筑和建筑环境，还有长久以来形成的文化符号和城市肌理。

参考文献

[1] 冯振平. 城区旧街巷景观改造的现状与思考 [J]. 山东艺术学院学报，2011（2）:73-75.

[2] 桐嘎拉嘎. 北京四合院民居生态性研究初探 [D]. 北京：北京林业大学，2009.

[3] 邵婷. 城市垂直绿化设计原则及其植物配置分析 [J]. 现代园艺，2018（16）:180-181.

[4] 伍国诞. 历史文化名城保护视角下的传统街巷风貌表达：以长汀古城东大街立面改造为例 [J]. 福建建筑，2018（10）:15-18.

后 记

　　《将自然引入城市》成书于2020年这个特殊的时期，经历了艰难的疫情阶段，对人与自然之间的关系也有了更深入的思考。

　　本书付梓之际，我要衷心感谢中国农林高校设计艺术联盟众位专家学者的信任与支持，同时，也要感谢来源于各方的鼎力帮助。首先要感谢南京林业大学艺术设计学院曹磊、吴曼、庄佳、缪菁、朱宇婷、苏靖等老师对于本书的完成所做出的贡献；其次要感谢我历年所指导的研究生们提供的丰富详尽的前期资料，这是成书的先决条件；还要感谢董瑾、陈晨、房宇亭、张路南、吕佳丽、孙佳慧、曾冰倩、杨婧熙、陈晓蕾、樊昀等同学耐心的整理资料。正是来源于各方所给予的帮助，历经多次的筛选、编撰、修改和校稿，才有了现在成书的面世。

　　人类是自然的一部分，关于城市与自然的对话依旧在继续，需要我们继续追溯、思考与表达，愿与本书的读者们共勉。

丁山

2020年冬于金陵

图书在版编目（CIP）数据

将自然引入城市 / 丁山主编 . -- 北京：中国林业出版社，
2020.11

ISBN 978-7-5219-0877-0

Ⅰ.①将… Ⅱ.①丁… Ⅲ.①城市景观—景观设计—
研究 Ⅳ.① TU984.1

中国版本图书馆 CIP 数据核字（2020）第 208940 号

中国林业出版社

责任编辑：杜　娟　马吉萍

出版发行：中国林业出版社（100009　北京西城区刘海胡同7号）

网　　址：https://www.forestry.gov.cn/lycb.html

电　　话：（010）83143553

印　　刷：河北京平诚乾印刷有限公司

版　　次：2020 年 11 月第 1 版

印　　次：2020 年 11 月第 1 次

开　　本：710mm×1000mm　1/16

印　　张：18.5

字　　数：350 千字

定　　价：180.00 元